生物學
BIOLOGY

第3版

Third Edition

朱錦忠・陳德治———— 編著

序

　　人類不可能離開生物而獨自存活，因為地球上的所有物種，都與我們有唇齒相依的關係，所以，生物學應該是一門生活科學，了解它並運用它，可以讓我們活得更自然，也可以讓別的生物活得更自在。但是，從個人的教學經驗中發覺，時下多數的年輕學子，與大自然的關係越來越疏離，尤其是都會區的學生，每天的生活好像只是從一個冷氣房換到另一個冷氣房，而且途中還搭乘地下捷運或冷氣房車，與地面上的蟲魚花鳥幾乎斷了聯繫，甚至把一切會動的非我族類一概視為有害之物，非除之而後快。個人認為，如果不能修正這種錯誤的觀念並重建尊重生命的態度與行為，那要推展更深一層的生命教育或環境教育，可謂是一種不切實際的奢望。

　　不過，引導學生探索生物世界其實也不如想像中簡單，一是學生生活經驗的貧乏，導致無法以實際體驗來印證學理的窘況；二是缺乏符合本地學生閱讀習慣的教材，使得學生無法建立清晰的系統概念，這兩者都嚴重影響到生物學的教學成效。有鑑於此，個人在編寫這本教材時，即以「生活化」和「本土化」為目標，在舉例印證時，盡量以本地生活可以看到的事例或現象作說明，以期引發學生的興趣與共鳴，在內容編排上，則以生命的起源、演化、分類等宏觀生物學為始，再以細胞學、遺傳學等為繼，以免學生在一開始時就被一些看不見、摸不著的微觀生物學內容給嚇跑了。另外，為能因應本地學生的閱讀習慣和學制特性，本書有別於翻譯書籍過於發散式的旁徵博引，改採聚斂式的撰寫方法，把握層次分明、架構清晰、淺顯扼要等原則，以讓師生雙方，能在學時有限的條件下收到最佳的教學成果。

　　最後，要感謝許多提供我寶貴資料的同事和朋友們，尤其要感謝新文京開發出版股份有限公司懇切的敦促與支持，方能順利完成這本教材的撰寫與編印工作。惟生物學領域浩瀚無垠，個人以疏淺的能力獨自撰寫確實是一項艱鉅的挑戰，故若內容有所錯漏，還祈請各位專家、先進不吝指正。

朱錦忠 謹識

序

　　生物學是學習一切生命科學與生態學的基礎知識，同時也是了解地球生命起源與演化至今，呈現在這片大地上所有生物表現出的多樣化樣貌之根本，對生物學擁有更多的認識，有助於理解身而為人在地球上的角色與應具備的正確態度和行為，方能達到與環境永續共存的目標。

　　此次再版修訂，依據新的生物學研究結果進行部分修正，變動最大之處在於將生物的分類系統，從過去慣用的「五界說」修改為近年廣為多數學界認同的「三域說」，並將部分生物所屬分類階層進行調整，以祈能提供讀者更多與時俱進的內容，與世界接軌，同時延續朱教授著作時的精神，不辱朱教授撰述本書的用心良苦。

靜宜大學生態人文學系助理教授 **陳 德 治** 謹識

編著者簡介

朱錦忠

- 經國管理暨健康學院前副教授，擔任生物學與生態學之教學、研究工作近二十年，閒暇時以旅行和攝影為樂。

- 著有《環境生態學》、《鄉土生態觀察》、《微笑高棉－吳哥行腳》等著作。

陳德治

- 靜宜大學生態人文學系專任助理教授、國立彰化師範大學生物學系兼任助理教授，擔任脊椎動物學、鳥類學、生物資源調查與標本製作、生態學、生態攝影、環境教育等領域之教學。

- 曾擔任社團法人彰化縣野鳥學會理事長、社團法人中華民國野鳥學會保育部主任、社團法人臺中市父母成長協會理事，長期關懷臺灣生態議題。

目錄

Contents

CHAPTER 1 緒 論

BIOLOGY

當人類第一次從外太空看到自己所居住的
地球時，都為它美麗耀眼的藍、綠光彩而發出
讚嘆（圖1-1）。就目前所知，地球之所以迥異
於其他星體，除了理化構造的差別外，最大的
不同，是地球上充滿旺盛的生命活動。所以，
有越來越多人可以體認：地球真的是宇宙中的
「綠色奇蹟」，並從自我反省的過程中，逐漸
建立珍惜生命與保護環境的觀念與行為。

● 圖1-1　從太空看地球，閃耀
著藍色光彩，是一個充滿旺盛生
命活動的宇宙奇蹟。

1-1　生物學的意義與內涵

　　生物學(biology)是研究一切生命體的形態、構造、生理及其生命現象的科
學。進一步區分其領域，則可歸納為「宏觀生物學」、「微觀生物學」與「應
用生物學」三大範疇。所謂宏觀生物學，是以統合的方式來看整個生命世界，內
容著重在探討生命的縱向演化過程，以及生物的橫向互動關係，例如生命學說、
物種演化、生物分類、生物與環境的關係等即是。相對的，微觀生物學則是以細
微的角度切入生命世界，比較著重生物個體間的歧異性，甚至以解剖或顯微的方
式來研究生物體的組織、構造及生理現象，例如細胞學、胚胎學、解剖學、遺傳
學等。至於應用生物學所涵蓋的範圍更為廣泛，舉凡以生物學為基礎所發展出來
的應用科學都可歸納在這個範疇裡面，例如園藝學、畜牧學、作物學、醫學等均
是。

1-2　學習生物學的目的

　　就整個生命世界來看，人類是地球上約一千萬種生命形態中的一個物種。但
由於演化的結果，人類變成自然界中最具優勢的族群，擁有比其他生物更高的智

慧和更豐富的創造力。所以在地球總體資源的分配上，目前人類幾乎是以巧取豪奪的手段侵佔了大部分的自然資源，導致許多生物在人類的壓力下瀕臨繼絕存亡的危機。而檢討當前的問題，可能肇因於過去的科學家都把生物學視為應用科學的一部份，認為研究生物是基於保障人類的生存利益，並把別的生物視為食物及藥物的提供者。例如，畜牧業把改良作物或禽畜的希望寄託在更多野生品種的基因上，醫學上從金雞鈉樹上提煉奎寧來治療瘧疾，以及近代用黑猩猩來確認B型肝炎或其他疫苗的安全性等，這些都是基於「物為我用」的本位心態所進行的研究。但是，二十一世紀的人類對生命世界的看法已經漸趨客觀，學習生物學也絕不能再停留於宰制自然的錯誤觀念上，而是應該以更謙虛的心境，嘗試去與其他生命建立更良善的關係。所以，現代生物學的學習目標，應可歸納為下列三項：

一、增進生物學知識，奠定專業學習之基礎

人類的日常生活中，與其他生物具有不可分割的依存關係（圖1-2）。例如植物的光合作用，提供我們氧氣和能量的來源；微生物的分解功能，淨化我們的生存環境；動植物更是人類食物的供應者，有些還提供人類勞動力，甚至具有慰藉人類心靈的功能。因此，生物學其實是一門生活科學，瞭解生物，除了可以讓我們的生活知識更加豐富外，甚至也是瞭解自己身心狀態的基礎。此外，有許多專門科學都是以生物學為根本，像園藝學、畜牧學、養

◐ 圖1-2　現在的非洲馬賽族人仍然以牛糞建屋、以牛羊等牲畜為主要的食物來源，與生物之間保持著不可分割的依存關係。

殖學,甚至如醫學、護理學、生態學、心理學、社會學等,也都與生物學具有密不可分的關係。

二、認識生命世界,學習欣賞生命之美

固然增進知識是學習生物學的基本目標,但在「知」之後,如果我們只站在本位主義的立場去看生命世界,也只考慮到「所知」是否對我有用時,那就會衍生如過去所認為的「益蟲或害蟲」、「益鳥或害鳥」等錯誤觀念,卻不知所有生命在整個生態系中都自有其意義。因此,人類對生命世界的探索,絕不應該只是為了滿足衣食方面的需求,真正能讓人類感到豐富的,其實是藝術、文化、精神方面的

● 圖1-3:非洲原住民的壁畫,顯示出生物帶給人類豐富的藝術創意與靈感來源。

成就,而這些創意與靈感的來源,往往都來自對生命世界深刻的觀察和體會(圖1-3)。因此,欣賞生命之美是需要也值得學習的,如果我們瞭解一隻毛毛蟲在面前爬過,它是正在透過無數生命機制的協調而迎向充滿驚奇的生命旅程,那就不會覺得它的樣貌是噁心或醜陋的了。當懂得欣賞生命之美時,進而就會興起喜愛與保護之心,逐漸建立尊重生命的態度。

三、培養尊重生命的態度,建立與其他生命共存共榮的觀念與 行為

地球上究竟有多少物種目前尚未確知,一般認為應該在1000～1500萬種之間,而其中被人類發現並命名的約僅150萬種而已。可見,人類對地球上的生命世界所知仍然有限,而各個物種在整個生態系中的貢獻與價值,更不是人類可以輕易窺知的。不幸的是,有些生物在人類不斷擴張生活領域、漫無節制的濫用自

然資源之後，紛紛走向絕種滅亡的末路。因此，新的生物學目標是要重新思考如何重建與其他生物的良善關係，並尊重每一種生命形態的存在價值（圖1-4）。因為，讓別的生物活下去的原因，絕不在於它們是否有助於人類的生存，而是一個尊重與否的嚴肅問題，也是人類在荼毒其他生物數世紀之後的一種道德層次和倫理層次的反省。如果我們不能接納其他生物並與之共存共榮，那人類必然會更快速的走向敗亡的命運。

 圖1-4：新的生物學目標是要重新思考如何重建與其他生物的良善關係，並尊重每一種生命形態的存在價值。

1-3　科學方法

　　從歷史的角度來看，華人對生物的研究與應用絕不亞於西方民族。例如明朝李時珍所著的本草綱目，到目前仍對全人類的健康有莫大的貢獻；還有像江南一帶的漁民飼養鸕鷀為其捕魚，或是將馬和驢交配而培養出更具勞動力的騾子等，都是華人充分運用生物學的例證。此外，許多華人的文化藝術及哲學思想，也都啟發於對生物的深刻觀察，例如詩經中傳頌久遠的「關關雎鳩，在河之洲……」、以及莊子秋水篇的「井蛙不可以語於海者，拘於虛也；夏蟲不可以語於冰者，篤於時也……」等，都可以看到許多生物知識已經融入中華文化之中。但是，有時因為粗略的觀察或未經縝密研判即導出的結論，往往也會製造一些人云亦云的錯誤認知，就像「有鷹化為鳩，雀化為蛤，腐草化為螢」、「螃蟹一啊爪八個」等就是這類的實例。因此，為能求得正確的答案，自然科學已經發展出一套有系統且合乎邏輯的研究方法來解決問題或驗證答案，這即是一般所稱的科學方法(scientific method)。

　　科學方法的目的，是要以客觀的實驗證據去解釋從觀察中所發現的問題，但因為考慮到實驗的可靠性與重現性，所以在研究過程中必須依循一定的步驟

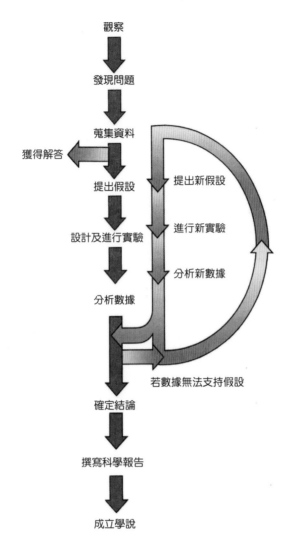

🌑 圖1-5：科學方法的操作程序示意圖。

　　來進行。目前，在一般運用上，科學方法的操作程序是：觀察→發現問題→蒐集資料→提出假設→設計及進行實驗→數據分析→確定結論→撰寫科學報告（圖1-5）。

一、觀 察

　　觀察是科學研究的原動力。因為有人察覺到自然界的可疑現象，進而引發好奇心去探索答案，人類的知識才得以繼續發展。但所謂「觀察」並不侷限於

用眼、耳、鼻、觸等感官去體驗自然現象，現代許多問題的發現，也可能來自同儕的討論，或比較、歸納前人的研究結果而得，這些都算是科學方法中的觀察手段。

二、發現問題

觀察任何現象，如果只是習以為常的認為「本來就這樣」，那問題便無從產生。所以保持高度的好奇心是一個科學研究者必備的特質，而客觀的態度則是另一種應有的修養。因為先入為主的認定答案將是什麼，往往是探索正確答案的首要障礙。

三、蒐集資料

發現問題後，並不需要立即提出假設或設計實驗，因為某些被觀察者認為可疑的現象，可能早就被發現並且已經有了答案。所以在問題產生後，正確的做法是要先從已經發表的相關文獻或資料去探索，確定該問題「已知的有多少」、「未知的是哪些」，這樣才能把時間和精神投注在問題的核心，也才能避免誤蹈前人的錯誤，甚至是白忙一場。因為現今網路資訊發達，往往充斥許多似是而非的假訊息，蒐集資料時，必須選擇經過學界同儕審查後正式發表的文獻，才能正確的釐清問題，開展進一步的研究。

四、提出假設

如果比對蒐集所得的資料後，確信問題的答案是「未知的」，或是前人所得的答案是「可疑或需要重新驗證的」，那就可以針對問題的核心，提出預測性的解答，這即是所謂的「假設」。

五、設計實驗

假設擬定後，進一步的工作就是要驗證其正確性。但若期望實驗能有效進行，事前縝密的設計是重要關鍵。因此，在設計實驗時，首先要明訂實驗目的並規劃實驗流程和進度，而為了強化實驗的可靠性，設計「對照組」也是必要的手

段。其他關於材料的來源、儀器設備的運用、數據分析採用的統計方法，甚至研究經費的預估與取得等等，也是實驗設計時所必須一併考慮的。

六、進行實驗

依據實驗設計進行實驗時，保持耐心與毅力是很重要的科學精神，尤其對整個實驗過程所得的觀察紀錄或數據變化，更應該詳實記載，必要時，還要以繪圖、拍照、錄影等方法來保存實驗的演變過程或結果，以便在實驗結束後，能夠保留最多的客觀資料做為導出結論的依據。

七、數據分析

數據分析是針對實驗所得的數據做整理比對，並藉助統計方法測試實驗結果的可靠性。

八、確定結論

若是數據分析的結果可以支持「假設」的正確性，那實驗的結論將可成立；反之，則必須修正「假設」並重新設計實驗。通常，實驗結論往往不是一兩次實驗就可獲得，一般都要經過反覆修正才能找到問題的真正答案。因此，科學研究的過程往往極為辛苦，而且有時為了讓結論有更多證據，經常在主要實驗之外，又設計幾個相關的子題進行深入探討，如此繁複的目的，無非就是要發掘出事實的真相。

九、撰寫科學報告

經過辛苦實驗所得的結果，必須透過某種方式表達出來，才能讓科學新知被廣泛接受並運用。目前，新的科學發現，絕大多數都以撰寫書面報告（科學論文）的方式向外界發表，也有輔以口頭發表同時並行的。而由於科學論文不只是在傳達新的發現，同時也負有「再現實驗」的功能，所以有關實驗的任何記載，都必須詳盡而確實，其細密的程度，要足以讓另一個研究者可以依據論文的記載而重新驗證一次實驗的可信度。所有的科學報告都必須經過同儕審查，方可最大程度的確保發現的可信度。

1-A · 實驗組與對照組的意義

設計實驗時，研究者除了針對「實驗變因」設計一組與假設情況符合的「實驗組」外，通常會另外設計一組與假設情況相反的「對照組」，目的是要讓實驗結果更具說服力。

舉例來說，如果研究者發現「在相似的地區，稻米的產量有明顯差別」這個問題，經過分析所得資料後，提出的假設是：「稻米產量受限於土壤中的含氮濃度。如果在土壤中補充氮肥，就可增加稻米產量。」

於是，在這樣的假設下，實驗設計就可規劃出兩個實驗樣區，兩者的面積、光照、灌溉等條件都保持相同，唯一的差別是：一個樣區的土壤中施予氮肥，另一個樣區則不施予氮肥。如此，前者即是用來驗證與假設情況符合的實驗組，而後者就是提供反面或間接佐證的對照組。

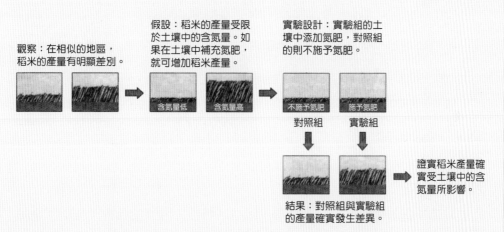

觀察：在相似的地區，稻米的產量有明顯差別。

假設：稻米的產量受限於土壤中的含氮量。如果在土壤中補充氮肥，就可增加稻米產量。

實驗設計：實驗組的土壤中添加氮肥，對照組的則不施予氮肥。

含氮量低　含氮量高

不施予氮肥　施予氮肥
對照組　　實驗組

結果：對照組與實驗組的產量確實發生差異。

證實稻米產量確實受土壤中的含氮量所影響。

🌑 圖1-A1：如果要證明「在土壤中補充氮肥可以提高稻米產量」，可以設計兩組實驗相互對照，其中與假設符合的稱為實驗組，與假設相反的稱為對照組。

1-B · 自然科學論文的架構與內容

現行的自然科學論文，為能提高研究成果的運用率和國際化，撰寫方法已逐漸趨向一定的格式。架構上，除了篇名、作者外，內容可區分為摘要、內文、參考資料等三大部分。而內文又可細分為前言、材料與方法、結果、討論等四段。

一、摘 要 (Abstract)

科學論文的摘要是以最扼要的敘述方式，陳述整個實驗的目的、過程及主要結果，讓有意從事相關研究的人，可以在最短時間內判斷其參考價值，並決定是否需要更進一步瞭解內文的內容。且為了方便索引，摘要之後一般會附註3～5個關鍵字(key words)。

二、內 文 (Text)

內文一般分為前言、材料與方法、結果、討論等四段，某些較大型的研究，也可能再加上文獻整理或其他更詳細的敘述。

1. 前 言

陳述該研究的主要動機或目的，如果文獻整理不另起一段，則可把前人的相關研究結果和問題在本段中做有條理的彙整或分析，並由此引伸出研究動機與目的。

2. 材料與方法

敘述該實驗所使用的材料來源、規格、特性；儀器的名稱、型號；藥品的種類、用量，以及用來分析數據的統計方法等。

3. 結 果

實驗所得的結果，除了以文字敘述做基本的表達外，也可用繪圖、照片、圖表等做更具體的呈現。而數據方面則需要藉助統計分析來確立實驗結果的可信度。

4. 討 論

本段的內容在針對實驗結果做更進一步的解釋或論述，必要時可運用他

人相關的研究成果來支持或強化本研究的結論。而若所得結果與其他相關報告有所差異時，則必須進一步分析何以致此的原因。另外，在實驗過程中如果發現一些預期外的問題，也可在本段中予以交代或解釋。

三、參考資料

在論文中述及前人的研究成果，或引用他人的發現來佐證、支持本研究的結論時，都必須在文中加以註記，並且在內文之後依慣用的順序表列出來，通常中文文獻依作者姓氏筆畫由少至多排列，外文文獻則依第一作者姓氏之第一個字母由A依序排列。每一筆參考資料的內容，必須包括所引用論文的作者姓名、發表年代、研究報告篇名、登載期刊的刊名、期別、頁數等。通常引用的文獻必須是經過同儕審查的期刊正式刊出的文章，網路資料未經審查機制，正確度和公信力不足，應該避免引用。

Chapter at a Glance Outline

本│章│綱│要

1. 生物學是研究一切生命體的形態、構造、生理及其生命現象的科學。

2. 生物學的領域可歸納為「宏觀生物學」、「微觀生物學」與「應用生物學」三大範疇。

3. 學習生物學的目的是：

(1) 增進生物學知識，奠定專業學習之基礎。

(2) 認識生命世界，學習欣賞生命之美。

(3) 培養尊重生命的態度，建立與其他生命共存共榮的觀念與行為。

4. 科學方法的操作程序是：

觀察→發現問題→蒐集資料→提出假設→設計及進行實驗→數據分析→確定結論→撰寫科學報告。

 Review Activities 學｜習｜評｜量

1. 生物學領域可歸納為＿＿＿＿＿生物學、＿＿＿＿＿生物學、＿＿＿＿＿生物學三大範疇。

2. 科學方法的操作程序是：＿＿＿＿＿ → 發現問題 → ＿＿＿＿＿ → 提出假設 → ＿＿＿＿＿ → 數據分析 → ＿＿＿＿＿ → ＿＿＿＿＿。

3. 自然科學論文的架構，除了篇名、作者外，內容可區分為 ＿＿＿＿＿、內文、＿＿＿＿＿等三大部分。而內文又可細分為＿＿＿＿ 、＿＿＿＿ 、＿＿＿＿ 、＿＿＿＿等四段。

4. 實驗所得的結果，除了以文字敘述做基本的表達外，也可用＿＿＿＿＿ 、＿＿＿＿ 、＿＿＿＿等做更具體的呈現。

5. 問答題：
   如果研究者發現「在相似的地區，稻米的產量有明顯差別」這個問題，經過分析所得資料後，提出的假設是：「稻米產量受限於土壤中的含氮濃度。如果在土壤中補充氮肥，就可增加稻米產量。」那麼，為了驗證這個假設是否正確，應該如何設計實驗組與對照組？

🔍 解答 QR Code

CHAPTER 2 生命的起源與演化

BIOLOGY

既然生物學是研究一切與生命有關的科學，那麼，生命起源於何時？來自何處？應該是探討生物學的起點。而一般認為，地球早期的環境與生命的出現具有因果性的關係，所以要談生命的起源，就必須從宇宙和地球的誕生說起。

2-1　宇宙的誕生與地球的形成

　　關於宇宙誕生之謎，大多數人接受天文學家所提出的「大爆炸理論(Big-bang cosmology)」。內容是說，在宇宙誕生之前，所有的能量與質量都集中在一個比原子核還小的「點」上，所以其密度與溫度都趨於無限大，但這樣的天體構造實在已超過人類所知的極限，所以天文學家把當時的狀態稱為「奇點(singular point)」。之後，由於某個目前尚未確知的因素，奇點發生了空前絕後的大爆炸，這就是宇宙誕生的根本原因。至於大爆炸發生的時間，天文界還在探討當中，但大多數人認為應該發生在距今137±2億年之間。

　　大爆炸之後，物質以質子、中子、電子、光等形式向四面八方拋出，但在過程中因冷卻、熔合等作用而出現了星體，星體與星體之間因引力的關係而形成星系，且所有星體和星系都還因為最初的爆炸力量在繼續向外奔離。也就是說，目前整個宇宙都還在向外擴大當中，這是天文學中所謂的「宇宙膨脹說」。

　　據研究，大爆炸發生時的溫度約是攝氏10^{12}度，之後便快速冷卻，其後的10億或20億年間，宇宙已大致成形，而太陽系的形成時間，則推估是在距今約46億年前左右。太陽系包括八大行星，地球是其中靠近太陽的第三行星，直徑排行第五，但具有最高的密度。

　　地球的構造方面，由於形成初期遭受大量隕石撞擊以及放射性能量的作用，使得表面熔融成岩漿狀，所以密度較大的物質，如鐵、鎳等便沉入地球內部形成地核，較輕的矽、鋁等則浮於表面而形成地殼，介於兩者間的部份則稱為地函。

　　地球以平均時速106,920公里的速度繞行太陽公轉，但因為地軸與公轉軌道面（黃道面）有23.5度的傾斜角，故地球繞行太陽一周的過程中，南北半球的溫帶地區會各自出現春夏秋冬的四季變化（圖2-1）。此外，地球與其他星球最大的差別是，地球表面約有70%被液態水所覆蓋，且有強大的磁場和組成特殊的大氣層，使得地球表面的環境比其他星球相對穩定許多，這都與地球之所以會出現生命有重要的關連。

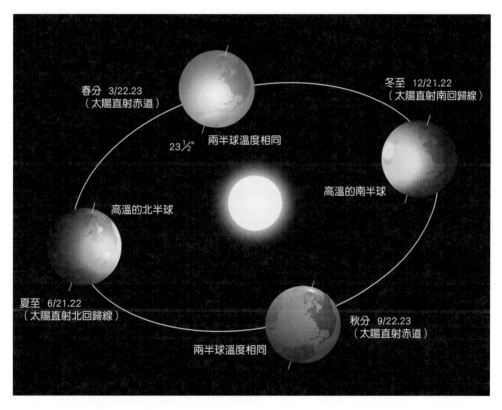

● 圖2-1　因為地軸與黃道面有23.5度的傾斜角，所以地球繞行太陽一周的過程中，南北半球的溫帶地區會各自出現春夏秋冬的四季變化。

2-2　地球出現生命的環境條件

　　地球約在46億年前與太陽系同時形成，推測當時是一種熾熱的熔岩狀態。之後，地球表面逐漸冷卻，到了距今約40億年，地球奇蹟似的出現了生命，這是地球與太陽系其他七個行星最大的差異（圖2-2）。至於地球為何會出現生命？是人類一直想要解開的謎題，而一般相信生命的形成必定與環境有關，所以科學家嘗試用比較的方法，探討地球環境與其他星球有何不同，最後歸納出地球具有三種特別的環境條件，推測應與生命的出現和發展具有密切的關連。

一、 地球有充足的液態水

　　地球表層的水體包括海洋、湖泊、河流、冰川等等，而水是生物代謝作用的重要媒介，更是構成生物體的主要成分。例如人體內大約有60～70%的水，某些水母的含水量甚至可高達98%，且近代的研究顯示，地球上的生命可能起源於海底熱泉。因此，充足的液態水應是地球得以創造生命的第一個環境條件。

1	2	3	4	5	6	7
大爆炸						
8	9	10	11	12	13	14
15	16	17	18	19	20	21
						太陽系及 地球形成	
22	23	24	25	26	27	28
地球出現 原始生命			原始腔腸 動物出現			
29	30					
原始節肢 動物出現	約0點0分原始魚類出現 約16點原始鳥類出現 23點58分2秒早期智人出現		約5點20分原始爬蟲類出現 23點46分35秒南方古猿出現 23點59分35秒晚期智人出現		約10點40分原始哺乳類出現 23點53分36秒直立人出現	

● 圖2-2　如果把宇宙形成至今的135億年歷史視為一個月的30天，那地球約在20日形成，22日出現最原始的生命，而晚期智人則是在最後的25秒才出現。

二、 地球有適宜的溫度

　　地表約70%被海水所覆蓋,而因為水具有「高比熱」的特性,所以在接受陽光照射時海水的溫度不會快速上升,夜晚或陽光減弱時,溫度也不會急速下降。還有,由於地球每24小時就自轉一圈,日夜週期長短適當,所以地表不同區域接受陽光照射與否的間隔時間就不會太長。在這兩種環境條件的共同作用下,讓地球表面的溫度得以維持穩定,對生命的出現與發展具有重要的貢獻。

三、 地球具有可以發揮保護作用的大氣層

　　地球表面被一層超過1000公里厚的大氣層所包圍,其主要成分約有78%的氮氣、21%的氧氣、0.9%的氬氣,以及少量的水蒸氣、二氧化碳和稀有氣體等。大氣層的作用除了提供現有生物生存所需的氣體外,也同時具有隔離宇宙輻射和減少隕石撞擊的功能,對維持地表環境的穩定有不可取代的地位,更是讓生命得以在地球繁衍的必要條件之一(圖2-3)。

◐ 圖2-3　高比熱的海水,以及具有保護作用的大氣層,是穩定地球環境的基礎,更是讓生命得以繁衍的必要條件。

2-3　原始生命的起源

　　雖然地球具備讓生命繁衍的條件，但究竟原始生命如何發生？仍處於眾說紛紜的階段。歷史上曾經認為「生命可以來自非生命」，例如腐肉生蛆、枯草化螢之類的「自生說」，但之後都被證實只是觀察不縝密所產生的誤解而已。所以，關於地球原始生命的發生，現在仍是尚未定論的議題，但若綜合各派之詞，可分成下列四種假說：

一、特殊生源說

　　特殊生源說是人類對生命起源最古老的解釋，又稱為「神創論」。這個理論主張生命來自於神所創造，但所謂的「神」，是泛指一切超自然的力量或現象，因此在不同的民族或不同的宗教都各有其自認的生命源頭。例如基督教所主張的創世紀論，華人世界普遍流傳的女媧造人等就是。雖然在科學教育普及的現代，有人開始懷疑這樣的說詞，但對某些宗教人士來說，特殊生源論仍是其深信不疑的信念。

二、宇宙生源說

　　宇宙生源說認為生命來自地球以外的地方，其途徑可能來自隕石掉落時意外帶來生命分子，或有其他更高智慧的外星生物將生命移殖到地球。雖然有人認為隕石穿越太空時不太可能保存生命，但隕石中含有水和胺基酸的證據，卻讓支持宇宙生源說者得到莫大的鼓舞，還有一批熱衷追查幽浮、外星生命、古文明之謎的愛好者，更是宇宙生源說的死忠支持者。

三、理化生源說

　　理化生源說是大多數受過科學訓練的人所接受的生命起源理論，其主要的內涵認為：生命是地球長時間理化反應的結果。而主要的論證是1953年美國芝加哥大學研究生米勒所進行的實驗。該實驗是將原始地球最多的三種氣體—甲烷

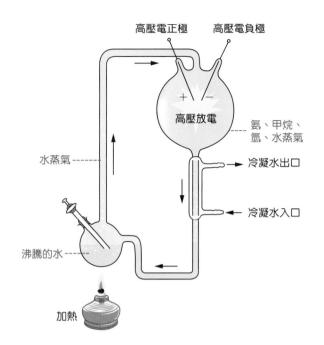

高壓電正極　高壓電負極

＋　－

高壓放電

氨、甲烷、氫、水蒸氣

冷凝水出口

冷凝水入口

水蒸氣

沸騰的水

加熱

● 圖2-4　米勒將原始地球最多的三種氣體-甲烷（CH₄）、氨（NH₃）、氫(H₂)和水放進一個封閉的實驗環境中，並設計以加熱、高壓放電、冷卻等條件模擬地球早期的環境狀態，最終生成了20幾種有機物。

(CH₄)、氨(NH₃)、氫(H₂)和水放進一個模擬原始地球狀態的實驗環境中，當這四種物質被反覆加熱、冷卻和電擊之後，最終生成了20幾種有機物，其中包含甘胺酸、丙胺酸、天門冬胺酸、麩胺酸等四種合成生物蛋白質所需的重要胺基酸，從此理化生源論被寄予厚望（圖2-4）。但截至目前為止，想在實驗室中以理化原理創造出原始生命卻仍然遙不可及。

四、 熱泉生源說

　　1967年，美國學者布萊克首次發現一些嗜熱菌可以生存在黃石公園60℃以上的熱泉中，這個事實完全顛覆過去認為生物不可能長期存活於高溫環境的概念。更令人意外的是，1977年克里斯在太平洋海底熱泉的噴出口附近，發現另一群可以生存在130℃海水中的極嗜熱微生物。而分析熱泉的環境，除了高溫之外，還有很多一氧化碳、氫、氨和硫化氫等，這些狀態推測和地球早期的環境有極高的相似性，而且在這裡存活的嗜熱菌，都是最原始的古細菌類。因此，最近有些學者相信，高溫高壓的海底熱泉或許就是生命的起源處。但是否真的如此，當然不是短時間內就能有所定論的。

2-A · 台灣龜山島的海底熱泉和「硫磺怪方蟹」

海底熱泉通常出現在地殼板塊的交界處，例如大洋中脊的裂谷、海底斷裂帶或海底火山附近。這些地方因為地殼內熾熱的岩漿或熱氣不斷噴發，加上水壓與鹽度的關係，導致周圍的海水溫度可能高達300～400℃，因此稱為「海底熱泉」，且因為遠觀時有如煙囪般在海底冒出滾滾濃煙，所以也被稱為海底的煙囪。

有關海底熱泉生態的研究還在起步階段，目前已經發現多種嗜熱型微生物可以在這裡存活，即使在水溫超過100℃的情況都能正常生長和繁衍。不過，位於深海的熱泉生態系，其能量來源與陸地或淺海生態系截然不同，這裡的微生物是利用熱泉噴出的硫化氫和氧作用而獲取能量和有機物，也就是所謂的「化學自營」作用，因此能在陽光無法到達的深海裡自成一個獨立的生態系統。

台灣附近海域雖然沒有深海熱泉，但在龜山島周圍卻有許多淺海熱泉噴口，噴發出來的主要是黃色硫磺氣和一些有毒氣體，且噴發口的水溫高達116℃左右（圖2-A1）。2004年，台灣海洋學者鄭明修經多年研究發現，龜山島海底熱泉也有以硫化氫為能源的硫化菌擔任初級生產者；而小型的魚貝類和蝦蟹則攝取硫化菌維生，更特別的是，熱泉噴發出來的有毒物質，會使上方海水中的浮游生物中毒死亡而沉落海底，於是引來大量的「硫磺怪方蟹」來此覓食，因而形成一個特殊且罕見的生態系。

「怪方蟹」最早是在1977年時，於日本小笠原群島淺海噴泉附近發現的新種螃蟹，頭胸甲大約只三公分。至於在台灣龜山島海域發現的怪方蟹，經鑑定與之並非同種，而因為它在龜山島被發現，故於2000年正式命名為「烏龜怪方蟹(*Xenograpsus testudinatus*)」，又名硫磺怪方蟹，它是一種有毒的螃蟹，並不能食用。

在有關龜山島海底熱泉的報導中，曾經有媒體將硫磺怪方蟹形容為「煮不死的螃蟹」，其實這是錯誤的解讀。在海底熱泉生態系中，能夠忍受高溫的通常都是一些嗜熱型的微生物，並不包括怪方蟹在內。怪方蟹只是躲在熱

泉附近的岩縫中伺機覓食，它棲息處的水溫大概只比一般海水溫度高個兩三度而已，並不是可以忍受高溫的甲殼類。

● 圖2-A1　台灣龜山島附近的淺海熱泉也有罕見的熱泉生態系。

2-4　生命現象

　　雖然原始生命的起源仍然莫衷一是，但生命已經存在卻是不爭的事實。不過，如果要更進一步定義生命的內涵是什麼？生物與非生物之間又該如何界定？那可能就不是一般經驗法則所能判定的。所以，學理上認為，稱為生物者必須具備某些基本特質，也就是所謂的「生命現象」，其內涵包括細胞、新陳代謝、生長、運動、感應、適應、生殖與遺傳、死亡等八項。

一、細胞

　　除了病毒以外，地球上所有生命體都是由細胞所構成的，而依據個體構造的複雜度，可將生物分為單細胞生物和多細胞生物。多細胞生物的體內會有各類功能相同的細胞形成組織，再由不同的組織構成器官，器官之間相互合作而形成系統，而整合各系統的構造與功能就成為一個生命體。

二、 新陳代謝

　　生物體內「同化作用」與「異化作用」的總合稱為新陳代謝(metabolism)。所謂同化作用,是生物體攝取外界的物質以形成體質或儲存能量的過程;而異化作用則是消耗體質產生能量以維持生命。因此,當同化作用大於異化作用時,生物體就會表現出成長或增胖的現象,反之則是衰退或老化。

三、 生長

　　生長是指生物體的成長過程,如果是單細胞生物,可能只是細胞體積的增大,但多細胞生物則包含細胞數量的增加和細胞的分化,所以才能讓一個受精卵逐漸發育成一個完整的個體。

四、 運動

　　生物體局部或全部的改變其姿態或位置是為運動。動物的運動顯而易見,而植物也有明顯的運動現象,較常見的如含羞草的觸發運動,荷花、酢醬草及某些熱帶植物的睡眠運動等（圖2-5）。至於單細胞的生物,也能藉由鞭毛（眼蟲）、纖毛（草履蟲）或細胞質的流動（變形蟲）而表現出運動的功能。

(a)

觸發前　　　　觸發後
(b)

白天　　　　夜晚
(c)

● 圖2-5　動物的運動顯而易見(a),而植物也有同樣的生命現象,例如含羞草的觸發運動(b)和某些植物的睡眠運動(c)。

五、感應

　　生物偵測外界的刺激並以適當的方式回應稱為感應，例如飛蛾撲火、蒼蠅群聚於腐肉之上、青蛙因大氣濕度增加而開始求偶鳴叫，這些都是動物常見的感應現象。植物對環境也有明顯的感應，例如向日葵迎向太陽（圖2-6）、根往潮濕的方向伸展等，而即使是單細胞生物，也會有趨向食物來源而聚集的現象。

● 圖2-6　向日葵的花朵迎向陽光，是植物的一種感應現象。

六、適應

　　生物改變其生理、形態或行為以因應外界環境的變化稱為適應，例如居住在低海拔地區的人，前往高海拔環境時，通常會因為氧氣稀薄而出現高山症，但經過一兩週後，人體會自動調高紅血球數量和血紅素濃度來應付缺氧的問題。另外如寒帶的哺乳動物一般都比熱帶的相關種類高大，但耳朵、尾巴等身體末端卻比較短小，這是因為適應溫度差異的結果，原理上是體形越大、末端越短，就越有利於保溫，而體形越小、末端越長則越有利於散熱（圖2-7）。每年候鳥的遷徙則是一種對氣候變化的適應性行為表現。

亞洲象　　非洲象

● 圖2-7　圖中左邊是亞洲象，右邊是非洲象，兩者耳朵大小有明顯的差異，這是適應溫度的演化結果。

七、 生殖與遺傳

生物成長到性成熟階段後，會經由生殖作用而繁衍下一代，而且子代與親代之間一定具有同種生物的遺傳特徵，這是重要的生命現象。不同的生物所表現出來的生殖方式可能略有不同，較進化的物種為了提高遺傳變異度已演化出複雜的有性生殖（圖2-8），但有些植物或低進化的動物則仍兼具無性生殖的方法，但無論如何，生殖與遺傳是保證物種得以延續的重要關鍵。

● 圖2-8　生殖與遺傳是生命現象之一，圖中是一對蓋斑鬥魚正在交配產卵。

八、 死 亡

一個生物不論其壽命長短，最終一定要邁向死亡。死亡是生命世界不變的定律，也是生態系中物質循環的轉捩點，因為如果老的個體永遠佔據環境中的生存資源，那新的個體就沒有生存發展的機會，所以死亡是更新生命、維持種族延續的必須過程，也是物質得以從生物體回歸自然環境，供其他生物再次利用的起點，在生物學上有其積極性的意義（圖2-9）。

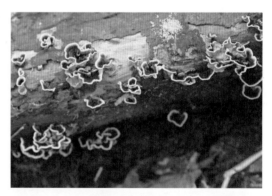

● 圖2-9　一棵死亡的大樹，是無數真菌和蘚苔植物的營養來源，所以死亡是生態系中物質循環不可缺少的一環。

2-5　生機論與機械論的爭議

　　雖然生物體所表現出來的生命現象顯而易見，但為何會有生命現象？生命現象的運作機制又是如何？自古以來就是人類所好奇的問題。有人相信，生物因為有靈魂（或生命力）存在，所以才會有生命現象，這是歷史上所稱的「生機論」；而另一派人卻認為，生命現象其實只是生命物質理化反應的結果，這是所謂的「機械論」。

　　古典生機論的「靈魂說」認為生命力既非物質也非能量，是一種非空間性的東西但可以作用在空間之上。但這樣的觀點被機械論者批評為不符合自然科學的理論。不過，即使到了二十世紀，有許多頂尖的科學家卻公開宣稱非物質的存在，例如1963年諾貝爾醫學獎得主艾克里爵士就在他的得獎感言裡說：人體內蘊藏著一個「非物質」的「思想與識力的我」；美國維吉尼亞大學心理學系主任史蒂文生博士也在其著作中聲稱：轉世輪迴確實存在。只是這些觀點都僅針對人類而言，至於人類以外的生物是否也有非物質或靈魂的存在，目前缺乏足夠的探討。因此，機械論者認為生機論應該只是宗教或哲學的觀點，並不足以解釋為生命現象的真正原因。但反過來說，生命現象是否真如理化反應般的容易掌握和預期？這些都不是短時間內可以平息的爭議。

2-6 物種的演化

依據理化生源說或熱泉生源說的觀點，生命剛形成時應該是一個構造非常簡單的有機體，之後經過數十億年的變化，生命體從簡單趨於複雜、從一種變成多種，並且在漫長的過程中出現優勝劣敗的現象，這就是所謂的「演化」。

一、用進廢退說

歷史上最早探討生物演化的學者是法國博物學家拉馬克(Jean Baptiste Lemarck，1744～1829)，他在1809年出版的動物學哲學裡提出了「用進廢退說」，主要的觀點包括：(1)物種漸變，(2)用進廢退，(3)獲得性特質可遺傳等三項。

摘要拉馬克學說的內涵，他認為物種的形態隨著時間在逐漸改變，而改變的原因，是生物經常使用或不使用某部分器官所造成的。也就是說，如果一個生物不斷使用某個器官，這個器官就會越來越發達；相反的，若總是不去使用某器官，那這個器官就會逐漸萎縮退化。並且拉馬克認為這樣的結果可以傳承給下一代，然而累積每一代的微小改變，生物的形態就會出現明顯的改變。所以，如果以這樣的觀點來解釋長頸鹿的脖子為何會變長的原因，是因為牠們經常伸長脖子去吃樹梢的葉子，當脖子越拉越長，而且可以把努力拉長的脖子傳給下一代時，長頸鹿的脖子就一代比一代長了（圖2-10）。

不過，拉馬克用進廢退說的「獲得性特質可遺傳」這個觀點，之後被證實是錯誤的，因為用進廢退只可能發生在個體上，並不能傳承給下一代，換言之，生物個體的努力或意向，並不是造成物種演化的因素。但歷史上的評價認為：在十八世紀那個神創論盛行的時代，拉馬克獨排眾議提出物種漸變的觀點，對其後有關生物演化的研究，仍然具有劃時代的貢獻。

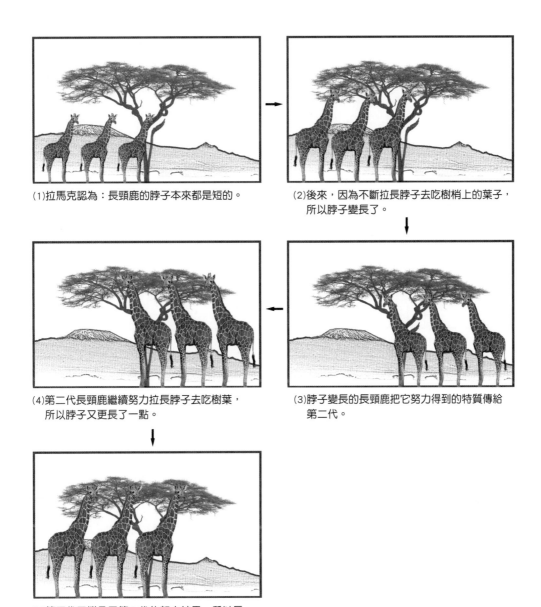

(1)拉馬克認為：長頸鹿的脖子本來都是短的。

(2)後來，因為不斷拉長脖子去吃樹梢上的葉子，所以脖子變長了。

(4)第二代長頸鹿繼續努力拉長脖子去吃樹葉，所以脖子又更長了一點。

(3)脖子變長的長頸鹿把它努力得到的特質傳給第二代。

(5)第三代又繼承了第二代的努力結果，所以長頸鹿的脖子就一代比一代長了。

● 圖2-10　用進廢退說認為長頸鹿體形的演化是個體努力的結果。

二、天擇說

　　繼拉馬克之後，研究生物演化獲得輝煌成果的是達爾文(Charles Robert Darwin，1809～1882)，他於1859年出版的物種起源(On the Origin of Species)一書中提出了另一套解釋生物演化的理論-天擇說。主要內容包括：(1)種內差異，(2)過度繁殖，(3)生存競爭，(4)適者生存等四項重點。

達爾文於1831年～1836年參加了英國派遣的小獵犬號軍艦一次環球航行，五年當中，經過非洲、印度、澳洲、大洋洲、南美洲各地，他搜集了大量化石和動植物標本進行觀察比對，尤其在加拉巴哥群島，親眼看到不同小島上陸龜和雀鳥具有不同的殼形和喙形，因此，基本上，他也確信拉馬克所提出的物種漸變是一個不爭的事實，但是造成漸變的原因，他卻有不同的看法。

(1)達爾文認為：長頸鹿本來就有脖子長一點的個體和脖子短一點的個體。

(2)當發生旱災時，脖子較短的個體因為吃不到樹梢上的葉子而餓死了，只有脖子較長的個體存活下來。

(4)當再度發生旱災時，脖子稍短的也餓死了，只有脖子更長的存活下來。

(3)脖子較長的個體所生下來的第二代，有脖子更長的，但也有稍短的。

(5)因為每次發生旱災時，脖子較短的個體都被淘汰，只有長脖子的個體有機會繁殖後代，所以長頸鹿的脖子才會變長了。

🔵 圖2-11　天擇說認為長頸鹿體形的演化是環境選擇的結果。

達爾文認為：同種生物的個體與個體之間本來就有一些微小的差異，這種個體間的差異在平時並不造成影響，但如果遇到環境劇烈改變，或是遷移到不同環境，抑或因過度繁殖而產生生存競爭時，某些個體的特質會較具優勢而活存下來；但某些個體的特質則因為不能承受環境壓力而被淘汰。於是從長期的角度來看，生物形態發生改變的原因，是因為環境改變了，或是同一群生物被分隔在不同的地理區，在生存壓力下，於是各自往適合當時的環境條件而發展。也就是說，生物的演化其實是由環境在主導的，個體的努力或意向與演化無關，所以才取名為「天擇」，這也是達爾文在解釋生物演化時，與拉馬克最根本的差異。

如果同樣以長頸鹿的脖子為何會變長為例，天擇說是認為長頸鹿族群中本來就有脖子略長和脖子略短的個體，在平時這種差異並不產生影響，但如果遭逢食物不足，脖子略長的因為可以吃到較高的樹葉而度過危機並留下子代，將長脖子的基因遺傳下去，脖子略短的可能就無法撐過飢荒而提前死亡。如此反覆發生，那長頸鹿的脖子就越來越長了（圖2-11）。

延伸學習

2-B · 「演化論」與「反演化論」的論戰

達爾文於1859年發表物種起源時，當時最大的反對力量來自於宗教以及「神創論」的支持者，如今已過了一百多年，雖然天擇說看來已經得到絕大多數人的認同，但還有一群「反演化論」者仍在質疑演化的觀點，因此「演化論」與「反演化論」的論戰其實從未平息。而就科學角度言之，這種現象是正常且必須的，因為透過反覆質疑和舉證的過程，人類才能一步一步接近事實的真相。

一、演化論的證據

主張演化論的學者，不論是古生物學家或人類學家，他們所追求的終極目標，是要證明地球上現存的生物和人類，都是通過環境考驗而演化出來的物種。而經過百餘年的努力，累積有關演化的證據大概可分為下列四項：

(一) 古生物化石的證據

如果古代生物的遺骸或排泄物恰巧被迅速掩埋，當它分解後，可能在岩層中形成一個鑄模般的空洞，一旦這個空洞被礦物逐漸填滿，當時的遺骸形狀就可能如灌漿鑄造的過程被保留下來，這就是所謂的「化石」。還有另一些化石可能是生物活動的痕跡，也可能是被冰層冰凍的生物本體。

考古學家可以藉由搜集化石並配合地質年代的鑑定，研判各種化石在地球上出現的時間，一旦大量化石被發掘並整理，就可比對出生物在時間長河中的演變過程，這是主張演化論的學者用來證明生物演化的最主要證據。

(二) 解剖學上的證據

解剖學上發現親緣相近的物種，都有一些基本構造相同的器官，例如鳥類的翅膀、蝙蝠的前肢、鯨魚的胸鰭、人類的手等，這在解剖學上稱為「同源器官」，另如陸地生物的肺和魚類的鰾也是。主張演化論的學者認為同源器官可以證明兩者有相同的演化源頭，代表這些動物都是從相同的祖先演化而來。

(三) 生物地理學上的證據

經由對大陸漂移與氣候變遷的了解，目前已大概知道地殼板塊分合的歷史，而據此比對相關地理區的生物種類，可以發現物種的歧異度與地理分隔的時間成正比。例如歐亞非大陸與澳洲分開的時間可能已經兩億年，故兩個地區的物種差異就極大，前者的哺乳動物主要是胎盤類，而後者則是有袋類。另如台灣和中國大陸才分開一萬年，所以物種變異的程度就相對小了許多，像台灣獼猴和中國的獼猴兩者雖不同種，但外觀和特質上卻都還有高度的相似性。主張演化論的學者認為這點可以證明，相同的物種可因時間和地理的隔離而演化成不同的物種。

(四) 分子生物學上的證據

近代分子生物學快速發展，目前已經可以藉由檢驗核糖核酸(RNA)、去氧核糖核酸(DNA)、蛋白質與核糖體等來研究生物的親緣關係。例如最近的研究發現：人類與黑猩猩的DNA序列差異約為1.2%，與大猩猩的差異約1.6%，與狒狒的差異則為6.6%，據此可以推斷並量化人類與其他靈長目動物

的親緣關係。此外，在比對生物DNA鹼基序列的研究中發現，許多生物都具有一些已經沒有作用但序列非常相似的核酸片段（稱為偽基因），主張演化論的學者認為這也是證明生物具有共同祖先的證據之一。

二、反演化論者的質疑

　　儘管主張演化論者持續提出各類的證據，但反演化論者卻始終保持懷疑的態度，其中比較有力的質疑可分為下列兩項：

(一) 演化論的「過渡物種」證據薄弱

　　反演化論者認為，現有的古生物化石只能當作生物曾經存在的證據，並不足以證明生物與生物在時間上的縱向演化關係，原因是「過渡物種」的證據過於薄弱。例如主張演化論的學者宣稱「四足動物演化自魚類」，但介於前後生物間的過渡物種化石幾乎不曾發現。而即使是被認為可以證明「鳥類演化自爬蟲類」的始祖鳥，反演化論者也認為值得懷疑。因為本來認為始祖鳥的羽毛、爪和牙齒可視為鳥類和爬蟲類的中間特質，但後來在南美洲和非洲發現兩種現代鳥類也都具有前述特徵；還有，1991年在中國遼寧又發現了比始祖鳥更早期的鳥類化石。因此始祖鳥的「過渡物種」地位遭到反演化論者高度質疑。

(二) 人類的出現正好證明演化論本身的矛盾

　　主張演化的學者論推測：「最早的人科動物（南方古猿）出現於440～100萬年前；早期智人出現於50萬年前，而晚期智人(*Homo sapiens*)則約在13萬年前起源於東非，到了5～3萬年前已分布到亞洲和歐洲」（詳見2-8）。

　　反演化論者認為上述的觀點正好證明了演化論本身的矛盾，因為在短短100萬年間，人類的腦容量暴增了三、四倍，且人類的智慧呈現跳躍式的發展，這為何與其他生物動輒幾千萬年的緩慢進化完全不同？況且，自從人類研究生物以來，從來沒有觀察到現存的某個生物演化成另一個生物的事實。因此，反演化論者認為，演化論不過是一些自圓其說的臆測而已。

2-7　地質年代與演化史

考古學家透過對地質和化石的研究，可以判定各類動物在地球上輪番出現的順序，所以化石是支持演化論的最主要證據，也可視為生物在地球活動的紀錄（圖2-12）。而整個地質年代的進程，就如生物演化的舞台，兩者具有密切的關連性。

地質學上將地球形成至今約46億年的地質變化劃分為玄古代、太古代、元古代、古生代、中生代、新生代六個大時段，其中玄古代、太古代和元古代合計有40億年，這段漫長的歲月統稱為「前寒武紀」。玄古代時地殼從熾熱沸騰而慢慢冷卻，到距今約40～38億年前的太古代初期，地球奇蹟似的出現了生命，又過了約20億年到了元古代末期，當時地球已有真核生物、藻類和原始的腔腸動物了。

古生代依時序分為寒武紀、奧陶紀、志留紀、泥盆紀、石炭紀、二疊紀；中生代分為三疊紀、侏儸紀、白堊紀；新生代則分為第三紀和第四紀。每個紀元都有它的地質特色和演化趨勢，為能簡要說明，彙整各階段的主要演化內容如表2-1。

● 圖2-12　化石是支持演化論的最主要證據，也可視為生物在地球活動的紀錄。

● 表2-1 地質年代與生物演化大事記

代	紀	起始時間	延續時間	演化大事記
玄古代	前寒武紀	46億年前	8億年	無生命活動的證據。
太古代		38億年前	12億年	約在距今40～38億年前出現了原始生命，推測當時只有少數的原核生物，類似現在的古細菌類。
元古代		26億年前	20億年	元古代晚期稱為震旦紀，這個時期已經出現真核生物，海洋中有紅藻、褐藻和少量類似水母、蠕蟲等原始腔腸動物，是地質史上的「菌－藻類時代」。
古生代	寒武紀	6億年前	1億年	大量多細胞的現代生物突然出現，這一爆發式的演化事件被稱為「寒武紀生命大爆炸」。節肢動物、棘皮動物、軟體動物等在海洋大量繁衍，最具代表性的動物如鸚鵡螺和三葉蟲，所以寒武紀又稱為「三葉蟲時代」。
	奧陶紀	5億年前	6500萬年	海洋無脊椎動物的全盛時期，大量肉食性鸚鵡螺稱霸海洋，最古老的脊椎動物－無頜魚在這個時期開始出現。
	志留紀	4億3500萬年前	3000萬年	海洋：三葉蟲、鸚鵡螺開始衰退；無頜魚持續發展；最早的有頜魚類－盾皮魚和棘魚在這個時期出現。 陸地：開始出現裸蕨、石松等古老的蕨類維管束植物。
	泥盆紀	4億500萬年前	5000萬年	海洋：鸚鵡螺逐漸被菊石取代。部分海洋節肢動物演化成蜘蛛和無翅的昆蟲登上陸地。 軟骨魚、軟骨硬鱗魚（最早的硬骨魚類）、肉鰭魚、條鰭魚、肺魚都在泥盆紀出現；但盾皮魚和棘魚在泥盆紀末大多已滅絕。 某些演化論者認為：有鰓和肺的肺魚在泥盆紀晚期演化成原始兩棲類；而部份肉鰭魚則在泥盆紀末期發展成水生原始四足脊椎動物，殘存物種如腔棘魚目前仍生活於深海之中。 由於這個時期魚類在水域稱霸，所以泥盆紀被稱為「魚類的時代」。 陸地：蕨類發展成林，晚期裸子植物開始出現。

● 表2-1 地質年代與生物演化大事記（續）

代	紀	起始時間	延續時間	演化大事記
古生代（續）	石炭紀	3億5500萬年前	6000萬年	海洋：大部分三葉蟲已滅絕，菊石更加昌盛。 陸地：高大的蕨類和裸子植物形成大規模的森林和沼澤；兩棲動物漸居主要地位；最早的爬蟲類出現；昆蟲更進化成有翅的類型，如蟑螂和巨大的蜻蜓。
	二疊紀	2億9500萬年前	4500萬年	海洋：軟骨魚類演化出更多的類型；全骨魚出現；三葉蟲全部滅絕。 陸地：植物仍以蕨類和裸子植物為主。兩棲動物繼續維持優勢；哺乳動物的祖先－溫血爬行動物獸孔類開始發展。 註：二疊紀末期因為氣候、火山爆發、海平面下降和大陸漂移等共同作用，造成演化史上最大規模的「二疊紀生物大滅絕事件」。估計當時地球上有96%的物種消失，包括90%的海洋生物和70%的陸地脊椎動物因而滅絕。
中生代	三疊紀	2億5000萬年前	5000萬年	海洋：游泳型的軟體動物和甲殼類取代固著型的頭足類而成為海洋中的優勢物種；菊石變得更多樣化；真骨魚出現。 陸地：裸子植物逐漸取代蕨類植物；恐龍和原始哺乳動物－始獸類開始出現，但部分陸地爬行動物卻轉移到海中生活。
	侏儸紀	2億年前	6000萬年	海洋：菊石、箭石和雙殼類仍是重要成員；全骨魚逐漸取代了軟骨硬鱗魚的地位；海生爬蟲類如魚龍及蛇頸龍活躍於海洋之中。 陸地：裸子植物發展到極盛時期。恐龍成為陸地的統治者；飛行性爬蟲類－翼龍、有袋類和胎盤類的祖先－古獸類，以及原始的鳥類等開始出現。
	白堊紀	1億4000萬年前	7500萬年	海洋：真骨魚逐漸取代了全骨魚的地位，是現代硬骨魚類的祖先；菊石、箭石由興盛而衰退；大型海洋爬蟲類趨向滅絕。 陸地：原始的有袋類、胎盤類和顯花植物首度出現；恐龍更趨於多樣化而達到極盛狀態，但到白堊紀末期，恐龍發生戲劇式的大滅絕事件。 註：白堊紀末的大滅絕事件，據推測是因為地球遭受一顆巨大的流星撞擊而產生類似「核寒冬效應」所造成。這一事件雖導致大形爬蟲類滅絕、蕨類和裸子植物失去優勢，但卻替顯花植物和哺乳動物開創了一個全新的發展契機。

● 表2-1 地質年代與生物演化大事記（續）

代	紀	起始時間	延續時間	演化大事記
新生代	第三紀	6320萬年	古新世 始新世 漸新世 中新世 上新世	海洋：真骨魚更加發展，但筆石極度衰退，菊石完全滅絕。 陸地：蕨類和裸子植物衰退，顯花植物進入全盛期。現代的哺乳動物和鳥類已取代爬蟲類而變成陸地的優勢族群。 最早的人科動物－南方古猿約在440萬年前出現。
	第四紀	180萬年	更新世 全新世	海洋：真骨魚類持續繁盛，無脊椎動物仍以雙殼類和腹足類為主，部分哺乳類轉向海洋發展。 陸地：鳥類持續發展；兩棲類和爬蟲類沒有太大變化，但哺乳類更多樣化並進入全盛時期。 最早的人屬直立人－非洲巧能人約在200～175萬年前出現；早期智人約在距今50萬年前出現；晚期智人約在13萬年前出現。

2-8　人類的演化

　　人類的祖先起源於何時？來自哪裡？始終是演化領域中一項重要的議題。早在1871年，達爾文所著的「人類起源與性選擇」一書中就預言人類的祖先來自非洲，但之後還有所謂的「西歐說」和「亞洲說」等不同的論述。直到二十世紀後期，經由更多的化石證據，以及現代分子生物學的發展，人類起源於非洲之說已成為人類學的主流觀點。

　　人類學家整理現有的化石證據，發現在距今440～100萬年之間，非洲至少已有七個種系的「南方古猿」，其特徵是已經可以直立行走，所以人類學上將他們歸類為最早的人科動物。其中在肯亞發現的「南方古猿湖畔種」（*Australopithecus anamensis*，420萬年前），被推測是南方古猿屬與人屬動物的共同祖先。而最早的人屬動物－直立人，則是出土於東非坦尚尼亞的「非洲巧能

人(*Homo habilis*)」，出現的時間大約在200～175萬年前，他們已經能夠使用簡單的石器，並開始向亞洲遷徙，推測北京人（70～20萬年前）與爪哇人（70～50萬年前）可能就是他們的後代（圖2-13）。

至於現代人的起源問題，部分人類學家主張現代人至少包括三個種，分別是海德堡人(*Homo heidebergensis*)、尼安德塔人(*Homo neanderthalensis*)和晚期智人(*Homo sapiens*)，但是否演化自非洲巧能人目前仍無定論。

依據化石證據顯示，海德堡人出現在60萬年前的東非衣索匹亞一帶，到了約50萬年前，其中一支可能演化為早期智人，並在15萬年前有遷往歐洲和亞洲的跡象，也就是在德國發現的尼安德塔人（12～3萬年前）和中國的許家窯人（12～10萬年前）（圖2-13）。

雖然早期智人已經擴展到歐亞非各地，不過，最新的基因人類學研究顯示：「在非洲出現的晚期智人(*Homo sapiens*)，可能才是現存人類唯一的直系祖先。」因為從生物學的觀點，只有同種生物才能相互交配並產生具有生殖能力的後代，而目前地球上的所有人類，基本上都屬於同一個物種，因此他們應該都是短時間內從單一人種繁衍而來，而非遍地開花式的多點起源模式。所以，目前人類學上的看法，多數認同現存人類應該源自13萬年前在東非衣索匹亞出現的晚期智人，到了5～3萬年前，晚期智人已分布到亞洲和歐洲各地，例如克羅馬農人（3～1萬年前）和山頂洞人（3～1萬年前）即是（圖2-13）。之後，亞洲的晚期智人經白令陸橋擴展到北美洲並向南發展，另一部分則向南渡海到達紐西蘭和澳洲，於是晚期智人遍佈到南極洲以外的所有陸塊。至於那些更早到達歐洲和亞洲的早期智人後裔，甚至是非洲巧能人的後裔，可能因為智力或武器比較落後的原因而被後到的晚期智人給消滅了。也就是說，晚期智人是目前唯一存活下來的現代人，不過這樣的觀點，目前仍被部分人類學者質疑當中。

約200萬年前最早的直立人（非洲巧能人）在東非坦尚尼亞出現，他們已經能夠使用簡單的石器，並開始向亞洲遷徙，推測北京人（70-20萬年前）與爪哇人（70-50萬年前）可能就是他們的後代。

(a)

約50萬年前早期智人在東非衣索匹亞出現，並在15萬年前有遷往歐洲和亞洲的跡象，也就是在德國發現的尼安德塔人（12-3萬年前）和中國的許家窯人（12-10萬年前）。

(b)

13萬年前晚期智人在東非衣索匹亞出現，到了5-3萬年前，晚期智人已分佈到亞洲和歐洲各地，例如克羅馬農人（3-1萬年前）和山頂洞人（3-1萬年前）即是。之後，亞洲的晚期智人經白令陸橋擴展到北美洲並向南發展，另一部分則向南渡海到達紐西蘭和澳洲，於是晚期智人遍佈到南極洲以外的所有陸塊。

(c)

🌑 圖2-13　尚未定案的「三出非洲」示意圖。

(a) 200萬年前直立人（非洲巧能人）在非洲出現，約70萬年前遷往歐洲和亞洲。

(b) 50萬年前早期智人在東非衣索匹亞一帶出現，並在15萬年前遷往歐洲和亞洲。

(c) 13萬年前晚期智人在東非衣索匹亞出現，之後遷往亞洲和歐洲並分布到全世界。

Chapter at a Glance Outline 本│章│綱│要

1. 關於宇宙誕生之謎，目前大多數人接受天文學家所提出的「大爆炸理論」，發生的時間約在距今137±2億年之前。

2. 地球約在46億年前與太陽系同時形成，直到距今約40～38億年之間，地球才奇蹟似的出現了生命。

3. 歸納地球出現生命的環境條件有三：
   (1) 地球有充足的液態水
   (2) 地球有適宜的溫度
   (3) 地球具有可以發揮保護作用的大氣層

4. 關於地球原始生命的起源，有四種不同的推測：
   (1) 特殊生源說
   (2) 宇宙生源說
   (3) 理化生源說
   (4) 熱泉生源說

5. 「生命現象」的內容可分為細胞、新陳代謝、生長、運動、感應、適應、生殖與遺傳、死亡等八項。

6. 「生機論」認為生物體因為有靈魂或生命力的存在，所以才有生命現象；而「機械論」卻認為生命現象其實只是生命物質理化反應的結果。

7. 生命體從簡單趨於複雜、從一種變成多種，並且在漫長的過程中出現優勝劣敗的現象，這就是所謂的「演化」。

8. 1809年拉馬克所提「用進廢退說」的主要內容包括：
   (1) 物種漸變
   (2) 用進廢退
   (3) 獲得性特質可遺傳

9. 1859年達爾文所提「天擇說」的主要內容包括：

    (1) 種內差異

    (2) 生存競爭

    (3) 適者生存

10. 地質學上將地球形成至今的地質變化劃分為玄古代、太古代、元古代、古生代、中生代、新生代六個大時段，其中玄古代、太古代和元古代合計就有40億年，統稱為「前寒武紀」。

11. 地球在距今約40～38億年前的太古代初期開始出現原始生命，到元古代末期才演化出真核生物、藻類和原始的腔腸動物。

12. 最早的人科動物－南方古猿約在440萬年前出現；最早的人屬動物－非洲巧能人約在200～175萬年前出現；早期智人約在距今50萬年前出現；晚期智人約在13萬年前出現，到約5～3萬年前，已分布到亞洲和歐洲。

 Review Activities 學｜習｜評｜量

1. 宇宙誕生的時間約在距今＿＿＿＿＿億年以前；地球形成的時間約在距今＿＿＿＿＿
   億年以前；原始生命出現的時間約在距今＿＿＿＿＿億年以前。

2. 科學家用比較的方法，探討地球環境與其他星球的不同，歸納出地球
   可以出現生命的環境條件是：＿＿＿＿＿＿＿＿＿＿、＿＿＿＿＿＿＿＿＿＿、
   ＿＿＿＿＿＿＿＿＿＿。

3. 有關地球生命起源的推測，認為生命來自隕石掉落或其他星球移入的假說
   稱為＿＿＿＿＿＿＿＿＿＿；認為生命是地球長時間理化反應而成的假說稱為
   ＿＿＿＿＿＿＿＿＿＿。

4. 生物體內＿＿＿＿＿作用與＿＿＿＿＿作用的總合稱為新陳代謝。

5. 生命現象中，睡蓮的開合是＿＿＿＿＿現象；飛蛾撲火是＿＿＿＿＿現象；
   非洲象的耳朵比亞洲象大是＿＿＿＿＿現象。

6. 關於生命現象的運作機制，認為因為有靈魂所以才有生命現象，是所謂的
   ＿＿＿＿＿論；認為生命現象只是理化反應的結果，是所謂的＿＿＿＿＿論。

7. 「用進廢退說」的主要的觀點中，目前已被證實錯誤的是＿＿＿＿＿＿。

8. 參閱表2-1，排出下列五個物種在演化史上出現的先後順序。
   a. 原始兩棲類 b. 原始哺乳動物 c. 節肢動物 d. 無頜魚 e. 鳥類

   Ans：＿＿＿＿ → ＿＿＿＿ → ＿＿＿＿ → ＿＿＿＿ → ＿＿＿＿。

9. 參閱人類演化史，排出下列四個物種在演化史上出現的先後順序。
   a. 非洲巧能人 b.南方古猿 c. 晚期智人 d.北京人

   Ans：＿＿＿＿ → ＿＿＿＿ → ＿＿＿＿ → ＿＿＿＿。

10. 問答題：

用進廢退說與天擇說的主要內容為何？兩者最大的理論差異是什麼？

Q 解答 QR Code

CHAPTER **3**　生物多樣性

BIOLOGY

地球出現原始生命之後，歷經幾十億年的演化，不僅生物受到環境的影響，環境其實也因為生物而改變，兩相作用的結果，各種生命形態逐漸遍布於地球的每個角落，有的在天空飛翔、有的在地上漫步、有的在海裡遨遊，甚至在某些極端環境裡，如極地凍原、海底熱泉，也都可以發現旺盛的生命活動，於是，地球變成一個具有多元性環境與多樣化物種的宇宙奇蹟。

3-1　生物多樣性的意義與內涵

生物多樣性(biodiversity)是指自然環境中的各種變異性，包含了基因、個體、物種、族群、群落、地景與生態系等各種層面，是一項廣博而複雜的議題，但基本上可歸納為生態多樣性(ecosystem diversity)、物種多樣性(species diversity)和基因多樣性(genetic diversity)三大內涵。

生態多樣性是指不同的區域，由於地質、地形、氣候等差異，造成不同的棲地特質，故而形成不同的生態樣貌，例如地球上有熱帶雨林、熱帶草原、針葉林、凍原等，這就是地球上的生態多樣性（圖3-1）。

與生物學內容最具關連的是物種多樣性，指的是地球上的生命形態，因為演化的結果而出現許多不同的物種，在生物分類學上各有不同的地位（圖3-2）。

(a)　　　　　　　　　　(b)　　　　　　　　　　(c)

🌑 圖3-1　熱帶地區因為雨量的差異而形成熱帶雨林(a)、熱帶草原(b)或熱帶沙漠(c)，這是一種生態多樣性。

而且，同種生物的不同個體，由於基因變異的影響，導致外觀或生理特質表現出不同的性狀，這是所謂的基因多樣性。例如人類的體形有高矮之分、膚色有深淺之別，或如非洲鳳仙花有各種不同的顏色，即是基因多樣性的具體實例（圖3-3）。

🐌 圖3-2　不論在一小片土地(a)或是一塊珊瑚礁上(b)，都會有很多生物共同存在，這是物種多樣性的實例。

🐌 圖3-3　古巴樹蝸牛因遺傳變異而產生不同的紋路(a)，非洲鳳仙花有各種不同的顏色(b)，這是同一物種的基因多樣性。

 生物學

3-2　生物分類法

　　依據化石證據推斷，原始生命出現後經過數十億年到現在，生物的形態確實發生顯著的改變，但地球上到底有多少物種，目前並沒有精確的數字，只能保守估計約有1,000～1,500萬種之譜。因此，當面對如此龐雜的生命世界，如果要進行有條不紊的研究，一套有效的生物分類系統是絕不可缺的。

一、生物分類的緣起與生物命名法則

　　將生物做有系統的歸類並給予專屬的名稱，即是所謂的生物分類學(taxonomy)，如果從古典文獻來看，其起源可追溯到亞里斯多德的年代。當時，對生物形態或行為的描述，甚至為生物命名，都還只是一種粗略性的比較概念。根據考據，現今學名所使用的「二名法」可能是瑞士植物學家加斯帕爾·博安(Gaspard Bauhin)於1623年，在其著作「植物描述繪圖(Pinax Theatri Botanici)」一書中首次使用，但這種命名型式當時並未在科學界被廣泛接受。直到1753年，瑞典植物學家林奈(Carolus Linnaeus) 發表植物種誌(Species Plantarum)，大量的使用二名法(binomial nomenclature)，這種命名方式才逐漸為學界所接受，並受其後達爾文物種原始論的影響，生物的分類系統及命名法則，終於在二十世紀初期逐漸被確定下來。

二、生物的學名與俗名

　　某生物被發現並確認為新種後，發現者得依據二名法給該生物一個國際通用的名稱，這就是該生物的學名(scientific name)。生物的各個分類階層都有其特定的學名，而個別物種的學名是由兩個拉丁文單字所組成，第一個單字為屬名(genus)，是名詞，所以字首要大寫；第二個單字為種小名(specific epithet)，是形容詞，所以都是小寫，且在文獻上出現時通常以斜體字表示。至於生物在地方上的名稱則是俗名，因為俗名可能「一物數名」或「數物同名」，所以在學術研究上必須以學名為依據才不會造成誤解。

● 圖3-4 台灣絨螯蟹的學名是*Eriocheir formosa*，但在台灣地區它還有幾種俗稱，如青毛蟹、南澳毛蟹或統稱為毛蟹。

　　舉例來說，台灣有一種特有種的螃蟹，它的中文名稱為台灣絨螯蟹，學名則是*Eriocheir formosa*。但在台灣地區它還有幾種俗稱，如青毛蟹、南澳毛蟹或統稱為毛蟹；但毛蟹這個稱呼除了代表台灣絨螯蟹外，可能也包括了中華絨螯蟹（*Eriocheir sinensis* 又稱大閘蟹）、日本絨螯蟹(*Eriocheir japonica*)等。因此，為了在研究上不至於混淆，凡是在正式文獻上提及台灣絨螯蟹時，都必須將其國際通用的學名繫附於後以資辨別（圖3-4）。

三、生物的分類階層

　　學名是用來區辨單一物種，但從演化的角度看，不同物種之間可能有或近或遠的親緣關係，因此，生物學家就根據生物彼此間的相似性或歧異性，把不同種但相類似的一群生物歸納為同一屬(genus)；相似的屬歸納為同一科(family)；以

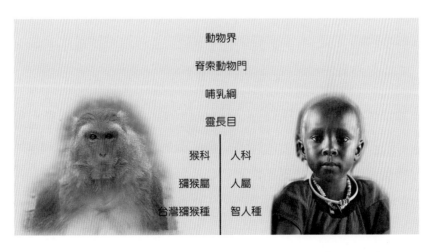

● 圖3-5 人類和台灣獼猴都是哺乳綱、靈長目的動物，但分屬在不同的科和屬。

此再向上類推還有目(order)、綱(class)、門(phylum)、界(kingdom)。舉例來說，人類(Homo sapiens)在生物分類學上就歸屬在動物界、脊索動物門、哺乳綱、靈長目、人科、人屬、智人種。而台灣獼猴(*Macaca cyclopis*)則歸屬於動物界、脊索動物門、哺乳綱、靈長目、猴科、獼猴屬、台灣獼猴種（圖3-5）。

有時，在界、門、綱、目、科、屬、種七個分類階層中，若有某一階層所含括的生物實在太多，為能更精確的區辨生物，每一階層之下還可以分成幾個亞群(subgroup)，例如脊索動物門下可再細分為頭索亞門、尾索亞門、脊椎動物亞門等；昆蟲綱可再區分為有翅亞綱和無翅亞綱等。

四、種(species)的意義

生物學上所稱的「種」，是指「一群可以相互交配，並可產下具有生殖能力之後代的生物」。例如，黑人和白人結婚可以生下黑白混血兒，且混血兒都有正常的生育能力，那就可以確定黑人和白人在生物學上是屬於同一種生物。只是他們在膚色和部分遺傳特徵上頗有差異，因此可把兩者區分為黑人亞種和白人亞種。相對的，中國農村自古就讓公驢與母馬交配而生出騾子，騾子兼具驢的負重特質和馬的靈性，因此被當成很好的役畜，但騾子卻沒有生殖能力，這就證明馬和驢是兩種不同的生物。

3-3　現行的生物分類系統

生物分類法曾經有過數次修正，例如在1969年之前，生物學家只把地球上的生物歸納為動物界和植物界，但隨著新種的發現，才知道有些生物同時具有動物和植物的特徵，還有些生物既不像動物也不像植物，因此，生物分類系統只好跟著科學的進展而逐步修正。發展至今，大多數生物學家認同將所有生物分成三域，分別為古菌域、細菌域和真核生物域，其中真核生物域又分成原生生物界、

原藻界、真菌界、植物界和動物界（表3-1），但這三域中還是不能將特異性極高的病毒納入。所以，更正確的說，目前所有生物應該分成三大域外加病毒。至於為何不將病毒另設一界，那是因為病毒不能獨立代謝，只在寄主細胞中才能表現出生命現象，多數生物學家認為它是介於生物與非生物之間的一種特殊生命形態，所以不具備構成「界」的條件。

◗ 表3-1　簡易生物分類系統表

域	界	亞界或類群	門	常見生物類群
古菌域	古細菌界	古細菌類群		甲烷菌、嗜熱菌、嗜鹽菌
細菌域	真細菌界	真細菌類群		球菌、桿菌、螺旋菌
		藍綠菌類群（舊稱藍綠藻）		管胞藻、念珠藻
真核生物域	原生生物界		1. 鞭毛蟲門 2. 纖毛蟲門 3. 孢子蟲門 4. 肉足蟲門 5. 裸藻門 6. 甲藻門 7. 黏菌門	非洲昏睡病原蟲 草履蟲 瘧疾原蟲 阿米巴痢疾原蟲、變形蟲 裸藻 雙鞭毛藻 黏菌
	原藻界		1. 隱藻門 2. 金黃藻門（矽藻門） 3. 淡色藻門（褐藻門）	隱藻 矽藻 海帶
	真菌界		1. 擔子菌門 2. 子囊菌門 3. 接合菌門 4. 壺菌門 5. 半知菌門	香菇、洋菇、靈芝、木耳 羊肚菌、冬蟲夏草菌、松露菌 黑黴菌 壺菌 米麴菌、黃麴菌

生物學

● 表3-1　簡易生物分類系統表（續）

域	界	亞界或類群	門	常見生物類群
真核生物域（續）	植物界	無維管束植物	1. 角蘚門 2. 苔類植物門 3. 地錢門 4. 綠藻門 5. 紅藻門 6. 輪藻門	角蘚 土馬鬃 地錢 團藻、石蓴 鹿角菜、石花菜、紫菜、蜈蚣藻 輪藻
		孢子維管束植物	1. 蕨類植物門 2. 石松門 3. 木賊門 4. 松葉蕨門	筆筒樹、腎蕨 石松 木賊 松葉蕨
		裸子維管束植物	1. 松柏門 2. 蘇鐵門 3. 麻黃門 4. 銀杏門	松樹、柏樹、杉木、檜木 蘇鐵、台東蘇鐵 木麻黃 銀杏
		被子維管束植物	顯花植物門	單子葉綱：稻、麥、香蕉、椰子 雙子葉綱：姑婆芋、油桐
	動物界	無脊椎動物	1. 海綿動物門 2. 腔腸動物門 3. 扁形動物門 4. 線形動物門 5. 環節動物門 6. 棘皮動物門	海綿 水螅、水母 渦蟲、絛蟲、血吸蟲、肝吸蟲 蛔蟲 蚯蚓、水蛭 海星、海膽
			7. 軟體動物門	7-1 腹足綱：蝸牛、九孔、寶貝、蛞蝓 7-2 雙殼綱：文蛤、牡蠣、扇貝、田蚌 7-3 頭足綱：花枝、章魚、鸚鵡螺 7-4 多板綱：石鱉
			8. 節肢動物門	8-1 肢口綱：鱟 8-2 蛛形綱：蜘蛛、跳蚤、塵蟎、蠍子 8-3 蜈蚣綱：蜈蚣、蚰蜒 8-4 馬陸綱：馬陸 8-5 軟甲綱（甲殼綱）：蝦子、螃蟹、海蟑螂 8-6 昆蟲綱：蝴蝶、蜻蜓、蟑螂、衣魚

● 表3-1 簡易生物分類系統表（續）

域	界	亞界或類群	門	常見生物類群
真核生物域（續）	動物界（續）	脊椎動物	脊椎動物門	無頷魚綱：盲鰻、八目鰻 軟骨魚綱：鯊魚、魟魚 硬骨魚綱：吳郭魚、鮪魚、鰻魚、泥鰍 兩棲綱：蠑螈、娃娃魚、青蛙、蟾蜍 爬蟲綱：龜、鱉、蛇、鱷魚 鳥綱：雞、鴨、麻雀、鴕鳥 哺乳綱：鴨嘴獸、袋鼠、牛、羊、蝙蝠、鯨豚、人類

表格參考整理依據：TaiBNET台灣物種名錄，採用生物分界系統為依循國際生物多樣性機構Species 2000出版之Catalogue of Life，除病毒外，將其他生物區分為真細菌界、古細菌界、原生生物界、原藻界、真菌界、植物界、與動物界共七大類群。

3-4 病毒

　　病毒(viruses)的體積非常微小，必須在電子顯微鏡下才看得到，而且它沒有細胞構造，只由一個蛋白質成分的外鞘(capsid)，包圍著一段核酸中心(core)而形成（圖3-6）。核酸的成分可能是DNA（去氧核糖核酸），也可能是RNA（核糖核酸），但兩者不會同時存在，這是病毒與其他生物的重要差別，因為在其他生物細胞中，DNA和RNA是並存的。病毒通常具有極高的宿主專一性，但部分病毒在特殊狀況下，則可能發生宿主轉移的現象，例如從2019年從中國開始散逸，爾後造成全球大流行的新冠肺炎病毒（即severe acute respiratory syndrome coronavirus 2, SARS-CoV-2），據研究推論，即可能原本是一種寄生在蝙蝠或穿山甲身上，因不明原因轉移到人類身上的病毒。

　　病毒的簡易分類法，可依其寄生對象和構造特徵分為噬菌體、植物病毒、動物病毒、類病毒等四大類。

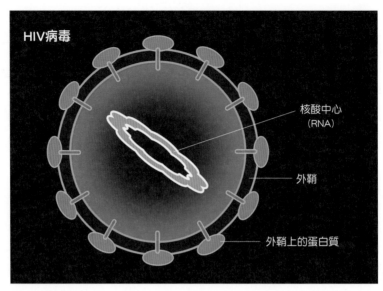

HIV病毒

核酸中心
(RNA)

外鞘

外鞘上的蛋白質

● 圖3-6 病毒沒有細胞構造，只由一個蛋白質外鞘，包圍著一段核酸中心而形成。

一、噬菌體

以細菌為寄生對象的病毒稱為噬菌體，而依其寄生和繁殖過程，可再區分為「溶菌性噬菌體」和「潛溶性噬菌體」兩種。潛溶性噬菌體侵入細菌後，通常會潛伏一段時間，當環境不良或受到外在因素刺激時，才攻擊細菌並利用其核酸和蛋白質大量複製繁殖，最終導致細菌潰解死亡。

二、植物病毒

以植物細胞為寄生對象的病毒稱為植物病毒，被寄生的植物通常都會出現異常的病徵，若發生在農作物上，則可能造成嚴重的經濟損失。例如早期的菸草鑲嵌病毒，以及最近發現由蚜蟲傳播的木瓜輪點病毒，由薊馬傳播的西瓜銀斑病毒等，都對農業造成極大的威脅。

三、動物病毒

顧名思義，動物病毒以動物細胞為寄生對象，例如造成畜牧業重大損失的口蹄疫病毒，對人類造成重大傷害的麻疹病毒、小兒麻痺病毒、SARS病毒，以及引發愛滋病的HIV病毒皆是。

四、類病毒

　　類病毒(viroid)在構造上比病毒還要簡單，它只有一小段RNA而不具備任何外鞘的構造，但這一小段核酸一旦進入寄主細胞，卻和病毒一樣可以表現出複製繁殖的功能。

3-5　原核生物（古菌域和細菌域）

　　整個生命世界中，除了病毒以外，所有的生物都是由細胞所構成。但是，細胞的形態也並非完全相同，如果以構造和生理特性來區分，生物的細胞可歸納為原核細胞(prokaryote)和真核細胞(eukaryote)兩大類。

　　一般所熟知的細胞，具有細胞膜、細胞質、細胞核、細胞器等四大構造。細胞核由核膜包圍著DNA而形成，細胞器也是由膜狀構造包圍住酵素等物質而懸浮於細胞質內，如果在顯微鏡下觀察，細胞核和細胞器都是分離而清楚的，這類細胞在學理上稱為「真核細胞」（圖3-7）。相對的，有另外一類細胞因為缺乏內膜構造，DNA和各種酵素大多直接融入細胞質內，在顯微鏡下只看得到細胞膜和細胞質，但看不到細胞核和大多數的細胞器，這類細胞就是所謂的「原核細胞」（圖3-8）。真核細胞與原核細胞最大的差別，在於原核細胞沒有細胞核和細胞器的構造。而過去稱為原核生物界名稱的由來，就是因為這一界的生物都是由原核細胞所構成的。

　　原核生物是生物中種類、數量最多的一類，雖然它們都是單細胞生物，但在整個生態系中，卻扮演非常重要的生產者、分解者或轉化者的角色。在分類學上，這一類生物的詳細歸類還在發展當中，而最簡易的分類方法是將它劃分為古細菌(Archaebacteria)、真細菌(Eubacteria)和藍綠菌(Cyanobacteria)三個類群。

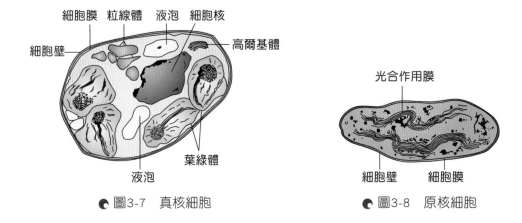

細胞膜　粒線體　液泡　細胞核

細胞壁　　　　　　　　　　　　高爾基體

光合作用膜

葉綠體

液泡

細胞壁　　細胞膜

● 圖3-7　真核細胞　　　　　　● 圖3-8　原核細胞

一、古細菌

　　這一類細菌所生活的環境，很類似早期地球的原始狀態，所以被稱為古細菌。古細菌可再細分為甲烷菌、嗜鹽菌和嗜熱菌三大類。甲烷菌的名稱緣於它們的代謝過程會產生甲烷，生活在缺氧的沼澤或下水道中，有些則在動物的消化道裡面。嗜鹽菌生活在高濃度的鹽水中，如鹹水湖或鹽田內，還有用鹽醃製的鹹魚、鹹豬肉上也有它們的蹤跡。嗜熱菌則是生活在高熱的環境中，如溫泉、硫磺泉、礦坑等，有些嗜熱菌甚至可以生存在攝氏130℃的海底熱泉噴口，故被引用為生命起源於海洋的論證。

二、真細菌

　　由於真細菌類和人類的生活關係密切，所以一般所稱的細菌大多指的是這一類的生物。在分類上，由於對它的演化關係還不十分清楚，所以仍有許多模糊之處。但若依據應用上的方便性，下列三種簡易的分類法則，可讓非專攻微生物學的人建立一些基本的分類概念。

(一) 依據形態分類

　　細菌的外形是最基本的分類依據，依此可分為球菌(cocci)、桿菌(bacilli)、螺旋菌(spirochets)三類（圖3-9）。

(二) 依據染色結果分類

在微生物實驗中，用顯微鏡觀察細菌之前往往會將細菌先行染色，其中有一種染色劑稱為革蘭氏染色液。如果染色後呈現紫色的是為革蘭氏陽性菌(Gram-positive)，呈現紅色的則是革蘭氏陰性菌(Gram-negative)。

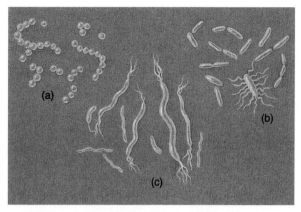

● 圖3-9　依據形態區分，真細菌可分為球菌(a)、桿菌(b)和螺旋菌(c)。

(三) 依據營養方式分類

若根據細菌的代謝機制來分類，必須有氧氣才能進行新陳代謝的稱為需氧菌(aerobic)；有氧時可利用氧氣進行呼吸作用，缺氧時可改變代謝方式而進行無氧呼吸的稱為兼性需氧菌(facultative anaerobes)；另外還有一類是以發酵作用或腐敗作用取得能量的細菌，在有氧的環境下反而生長遲緩甚至死亡，這稱為專性厭氧菌(obligate anaerobes)。

構造上，細菌具有細胞壁和細胞膜，細胞壁的成分是肽聚糖(peptidoglycan)，和植物纖維質的細胞壁明顯不同。某些菌種的細胞壁外還包覆著有一層莢膜(capsules)，可以加強自我保護功能，但因為是原核細胞的關係，所以胞體裡面看不到細胞核，只有一個捲繞的環狀DNA游離在細胞質裡面。

某些細菌在生存條件惡劣時，細胞膜以內的成份會脫水皺縮而進入休眠狀態，由於這樣的構造看起來像是被細胞壁包住的一個孢子，所以稱為內孢子(endospore)。不過，內孢子的功能只在讓細菌度過危機，等環境變好時它也只能復甦成一個正常的細胞，所以與細菌的生殖作用無關。

在一般的觀念中，細菌常被誤認為是有害的，但其實只有少數菌種對人體有致病性，絕大多數的細菌都在自界中擔任分解者或轉化者的功能，對整個生態系具有極大的貢獻。

三、藍綠菌

　　藍綠菌舊稱為藍綠藻，後來為了避免與真正的藻類混淆，故改稱為藍綠菌。藍綠菌基本上也是單細胞生物，但有些會聚集成群體或絲狀，構造上具有細胞壁，細胞壁外還有一層膠狀的保護層稱作「鞘」。而細胞內有光合色素，除了葉綠素外，有些品種是以藻紅素或藻藍素來進行光合作用，故在生態上具有重要的生產功能。

　　某些藍綠菌具有「固氮作用」的功能，可以把空氣中的氮氣轉化成氨以利植物吸收利用，在農業上具有重要的貢獻。另外，部分藍綠菌可以和真菌互利共生形成地衣(lichens)（圖3-10），並且在高溫、高壓、高鹽、高酸鹼的極端環境中，也都可能發現藍綠菌的蹤跡。

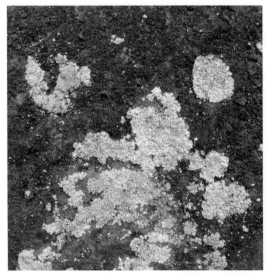 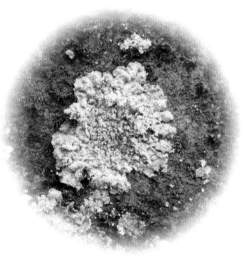

● 圖3-10　常見於岩石或樹幹表面的地衣，是由藍綠菌和真菌互利共生所形成。

3-6 原生生物界

　　生物分類中，自原生生物界開始都是真核生物。而歸類在原生生物界之下的生物主要可分為二大類，分別是原生動物和黏菌。過去被分入原生生物界的藻類，則依特徵分別被歸類入原藻界和植物界中。

一、原生動物

　　原生動物具有部分動物的特質，但因為它們都是單細胞生物，與具有細胞分化和分工的典型動物特徵不同，故被歸類在原生生物界中。常見的原生動物有鞭毛蟲、纖毛蟲、孢子蟲、變形蟲等。

(一) 鞭毛蟲

　　鞭毛蟲的特徵是細胞表面有一條或多條鞭毛著生，具有運動的功能（圖3-11）。雖然少數鞭毛蟲可以獨立生存，但大多數以寄生為主，例如寄生在人體導致昏睡的非洲昏睡病原蟲。

(二) 纖毛蟲

　　纖毛蟲的細胞表面密佈一層細短的纖毛，一樣具有運動的功能，但大多是非寄生性的，可自由運動並獨立生存，像草履蟲就是最常見的纖毛蟲之一。

(三) 孢子蟲

　　孢子蟲都是寄生性的，有些甚至有一個以上的寄主，生活史相當複雜，典型的像瘧疾原蟲，其第一寄主是瘧蚊，經由叮咬的過程轉移到人體寄生而導致人類罹患瘧疾。

(四) 變形蟲

　　變形蟲因為可以進行變形蟲運動而得名，例如造成人類痢疾的阿米巴痢疾原蟲就是一例（圖3-11）。

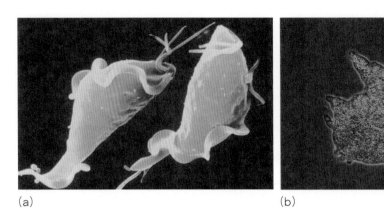

(a)   (b)

● 圖3-11　鞭毛蟲(a)有一條或多條鞭毛著生，具有運動的功能。阿米巴痢疾原蟲(b)是一種常見的變形蟲。

二、黏 菌

　　黏菌生活在陰涼潮濕且具有豐富有機物質的環境中，常見於森林底層的落葉堆或枯木中。在環境適當時，黏菌以一團稀薄而可流動的原生質型態存在，並且可以利用變形蟲運動攝取有機物，此時稱為「變形體期」。但若是遇到缺水或食物不足，原生質會分割成幾個小糰，每一小糰發育為一個子實體，子實體的功能是用來產生孢子以度過不良環境，這個階段則稱為「子實體期」（圖3-12）。

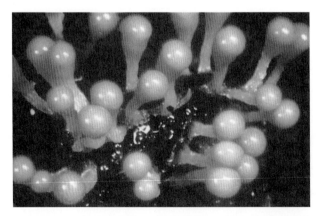

● 圖3-12　黏菌在生態系中具有分解者功能，圖中是子實體期的狀態。

三、藻類

藻類主要分成八個門，分別是裸藻門、甲藻門、隱藻門、金黃藻門（矽藻門）、綠藻門、淡色藻門（褐藻門）、紅藻門、輪藻門。其中裸藻門、甲藻門、隱藻門、金黃藻門都是單細胞藻類；淡色藻門、紅藻門和輪藻門是多細胞藻類；但綠藻門則是兩種都有。

藻類的分類地位在近年有極大的變動，過去被放在原生生物界的藻類，現今橫跨三大界，分別屬於原生生物界、原藻界和植物界。其中裸藻門歸屬原生生物界；原藻界則包含甲藻門、隱藻門、金黃藻門、淡色藻門；綠藻門、紅藻門和輪藻門則被歸到植物界中。

(一) 裸藻門

裸藻大多生活在淡水中，因為缺乏外壁構造，所以稱為裸藻。裸藻具有鞭毛和葉綠體，能在水中運動並以光合作用獲取能量，典型的代表物種是眼蟲（圖3-13）。

(二) 甲藻門

甲藻大多分布在海洋中，只有少數淡水的品種，胞體具有堅硬的纖維質板鞘，並有兩條鞭毛讓它可以在水中旋轉運動，常見的如雙鞭毛藻。

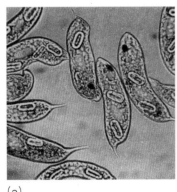
(a)

(b)

(c)

● 圖3-13 眼蟲(a)是單細胞綠藻；石蓴(b)和繁枝蜈蚣藻(c)則是常見的多細胞綠藻和紅藻。

　　某些雙鞭毛藻在營養豐富且溫暖的海水中會大量繁殖，使得海水變成橘紅色，是海洋學上所稱的「赤潮」(red tide)。赤潮出現時，由於大量雙鞭毛藻所分泌的毒素會導致魚貝類死亡，所以經常造成養殖業的嚴重損失，甚至威脅到人類的健康，像曾經發生在台灣的「西施舌事件」即是一例。

(三) 隱藻門

　　隱藻是一種具兩根不等長鞭毛的單細胞藻類，在淡水、海水或半淡鹹水的環境中都可發現。含有葉綠素、葉黃素、胡蘿蔔素和藻膽素，某些種類也會引發赤潮的問題。

(四) 金黃藻門

　　金黃藻在海洋中的分布廣泛而豐富，構造上由兩片矽質的細胞壁嵌合而成，由於代謝產物以油脂儲存在細胞內，故可在水中浮游，典型的代表物種如矽藻。死亡後的矽藻，其矽質細胞壁大量堆積在海底後就變成所謂的矽藻土，目前已經運用在農業和畜牧業中，可做為飼料添加物或驅蟲劑等用途。此外矽藻油滴亦可經由提煉轉化為生質柴油，目前雖因成本高於傳統石油提煉，但在石油地底存量逐漸枯竭的情況下，未來仍具有開發的潛力。

(五) 綠藻門

　　綠藻分布的範圍很廣泛，從淡水到海水都有綠藻的蹤跡。構造上，綠藻有單細胞的，也有多細胞的品種，但共同的特徵是都有葉綠體可進行光合作用。某些有鞭毛的單細胞綠藻會聚集成一個群體而形成所謂的「團藻」，目前已被廣泛運用在食品、飼料和肥料之中。至於多細胞綠藻可能是絲狀的或葉狀的，例如廣泛生長在台灣潮間帶岩石上的石蓴（圖3-13），就是最常見的多細胞綠藻之一，不僅可以直接當成食物入菜，也被加工成各種食品添加物，在食品製造業上使用廣泛。

(六) 淡色藻門

淡色藻門中的褐藻主要生長在潮間帶，含有獨特的類胡蘿蔔素，是一種多細胞藻類，並且已有細胞分化的現象，藻體可分為基部、葉柄及葉身三部分，例如昆布（海帶）就是最常見的褐藻，自古就被沿海居民當成重要的食物來源。

(七) 紅藻門

紅藻也是多細胞藻類，除了具有葉綠素和胡蘿蔔素外，還有大量的藻紅素，所以藻體大多是紅色的，可分布在較深的海床上。紅藻通常呈樹枝狀，常見的如紫菜、石花菜、蜈蚣藻等都是（圖3-13）。紅藻含有大量的多醣類，稱為藻膠，常被提煉作為食品添加劑使用，例如洋菜及卡拉膠（紅藻膠）。

(八) 輪藻門

輪藻大多生活在淡水中，只有少數分布在半淡鹹水的環境，是一種體形較大且有類似根莖葉的構造，所以一般認為，植物就是從輪藻進化而來的。

3-7　真菌界

真菌(fungus)早期曾經被歸類在植物界，但因為它們都沒有葉綠素，且細胞壁的成分是幾丁質和纖維素，與典型的植物細胞不同，因此，現代的生物分類學將它歸為獨立的一界。

真菌界的歧異性很大，但構造上除了酵母菌等少數單細胞種類外，其他都有菌絲(hyphae)的構造。營養方式上，所有真菌界都是異營性，主要以腐生或寄生的方式取得能量，只有少數種類與其它生物以互利共生的方式生活，如地衣便是真菌與藍綠菌的共生體。

真菌在經濟上及生態上都有極為重要的貢獻，例如可供食用的蕈類、木耳；可做為食品加工的酵母菌、酒麴菌；可製造盤尼西林的青黴菌等，一直都與人類

的生活息息相關。而腐生性真菌在生態上更是功不可沒,例如自然界中的動植物遺骸、有機廢物等,很多都是依賴真菌的分解作用使之回歸到自然界的物質循環過程中。至於分類學上,較常見的真菌大概歸屬在四個門裡面,分別是擔子菌門、子囊菌門、接合菌門、半知菌門等。

一、擔子菌門

大多數的擔子菌因為具有明顯可見的子實體,故又俗稱為蕈類或菇類。常見的如香菇、洋菇、靈芝、木耳等是可當做食物的真菌,但有些菇類卻具有毒性,故野生的品種最好不要採食(圖3-14)。而有些擔子菌會寄生在農作物上導致農業的損失,例如造成玉米、甘蔗等禾本科作物的黑穗病,就是由擔子菌門真菌惹的禍。

二、子囊菌門

子囊菌是真菌中最大的一群,因為在進行有性生殖時會形成一種叫「子囊」(ascus)的孢子囊而得名。少數種類是單細胞且沒有菌絲構造的生物,如酵母菌即是。其他較為人熟知的子囊菌如松露菌、冬蟲夏草菌、杯狀菌等,則是有菌絲的多細胞生物(圖3-15)。

三、接合菌門

接合菌大多是陸生性,以分解動植物遺骸或有機碎屑為營養來源,是典型的腐生生物,最常見的是長在麵包或腐果上的黑黴菌(圖3-16)。接合菌的生殖通常是在菌絲頂端形成孢子囊而產生孢子以進行無性生殖,但若有兩種不同品系的菌絲相遇,則會相互接合而出現配子囊(gametangium),其內會有兩種不同品系的配子相互結合所形成的「接合孢子」,這是一種有性生殖的方式,也是名稱的由來。

(a)

(b)

(c)

(d)

🔴 圖3-14　擔子菌有各種不同的形態，常見的如香菇(a)、洋菇(b)、木耳(c)，還有在森林底層扮演分解者角色的各種木生菌(d)都是。

生物學

(a)　　　　　　　　　　　　　　　　(b)

🌑 圖3-15　　生長在森林底層的杯狀菌(a)及冬蟲夏草菌是常見的子囊菌。冬蟲夏草(b)是一種中藥材，是由冬蟲夏草菌寄生於蛾類幼蟲體內而形成。

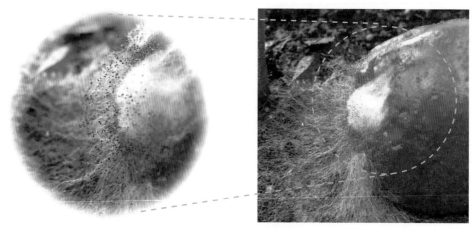

🌑 圖3-16　　黑黴菌是最常見的接合菌，有明顯的菌絲和孢子囊。

四、半知菌門

真菌通常都有無性生殖和有性生殖兩種繁殖方式，但半知菌門卻缺乏有性生殖（也可能是尚未被發現），故被稱為半知菌或不完全菌(imperfect fungi)。常見的半知菌如長在橘子皮上的青黴菌（圖3-17）；用來釀製醬油、清酒、味噌的米麴菌；導致香港腳的絮狀表皮癬菌；以及引發人類肝病的黃麴菌等都是。

🌑 圖3-17　長在腐爛的橘子上的青黴菌是最常見的半知菌。

3-8　植物界

一般認為植物是由藻類中的輪藻演化而來，登陸後，為了克服缺水、重力、生殖等問題，在生理、形態及構造上均發生很大的改變。而歸納其特徵可包括：(1)都是多細胞生物。(2)都具有光合色素可進行光合作用。(3)都具有纖維素成分的細胞壁。(4)生活史中都有配子體和孢子體輪流出現的「世代交替」現象。（詳閱5-1 植物的特徵）

當前的分類學將所有植物分為十個門，但所屬的綱目十分複雜，如果用比較簡要的方式分類，則可以把它們分為無維管束植物、孢子維管束植物、裸子維管束植物、被子維管束植物四大類群。

一、無維管束植物

在高等植物的莖中，維管束是由韌皮部(phloem)和木質部(xylem)所構成的。韌皮部有篩管和伴細胞可將光合作用的產物送到植物體的各個部位，而木質部的導管和假導管則可將根部吸收的水分向上運輸。因此，維管束在植物生理上擔任支持和運輸的功能，如果沒有維管束，植物體就不可能長得很高大。

　　四大類群植物中，無維管束植物就是缺乏維管束構造的一群，由於在植物分類系統中它們分別歸類在角蘚植物門、苔類植物門和地錢門，所以也稱為蘚苔植物。蘚苔植物的植株通常貼著地面生長，一般不超過15公分，典型的代表物種如土馬鬃和地錢（圖3-18）。

　　蘚苔植物的構造不像高等植物具有精細的根、莖、葉分化，只有略具吸收與附著功能的假根(rhizoid)以及有光合作用能力的葉狀體而已。因此，一般的蘚苔植物都生長在較潮濕的環境中，例如森林底層或溝渠附近，而某些生長在高濕度環境的品種，甚至可直接從空氣中吸收水分以彌補假根功能的不足。

二、孢子維管束植物

　　孢子維管束植物的主要特徵是以孢子繁殖，故也稱為「不結種子維管束植物」。一般來說，孢子維管束植物的維管束構造比較簡單，只能負擔基本的運輸和支持功能，故植株不如種子植物高大，而在植物分類系統中，這類群的植物主要歸類在蕨類植物門、石松門、木賊門和松葉蕨門裡面。

　　蕨類可做為孢子維管束植物的代表，除了少數像筆筒樹這種較大形的蕨類外，大多數的體形都很矮小，主要分布在森林底層或潮濕陰涼處。構造上，蕨類雖已有根、莖、葉的分化，但根和莖較不發達，且多數的莖都以匍匐方式生長，甚至演變為地下莖或根莖，而葉子則是全株最主要的構造，具有重要的營養和生殖功能（圖3-19）。

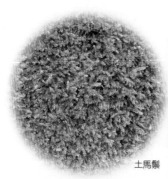

土馬鬃　　　　　　　　　　　　　　　　　　　地錢

● 圖3-18　土馬鬃（左）屬於蘚綱、真蘚目；地錢（右）屬於苔綱、地錢目，兩者是日常生活中最常見的蘚苔植物。

蕨類的葉子大多呈羽狀，是進行光合作用的主要器官，而孢子囊則成堆生長在葉子背面形成孢子囊群(sorus)，也有部分種類的孢子囊只著生在一些特化的葉片上，這種葉片稱為孢子囊葉(sporophyll)。

三、裸子維管束植物

裸子維管束植物和被子維管束植物的共同點是都以種子為繁殖和散布的工具，相異點則是前者的胚珠沒有子房將它包覆，後者的胚珠則生長在子房裡面。

裸子植物包括松柏門、蘇鐵門、麻黃門、銀杏門，其典型的代表植物如松柏門的松、杉、檜、柏；蘇鐵門的蘇鐵；而做為防風林的木麻黃則屬麻黃門；溪頭所栽種的銀杏就屬銀杏門（圖3-20）。

裸子植物的生活史中，高大的植株是其孢子體，成熟時會長出雄毬果和雌毬果。雄毬果較小，內有花粉囊可產生花粉，雌毬果較大，其鱗片內有裸露的胚珠。當花粉釋出後藉風力飄落到雌毬果與胚珠相遇，就受精而發育成種子，但這整個過程可能需要經過數年才能完成。

四、被子維管束植物

由於被子植物都有開花的現象，所以又稱為顯花植物，分類學上歸屬在顯花植物門。

(a)　　　　　　　　(b)　　　　　　　　(c)

🌀 圖3-19　除了筆筒樹(a)這種體型高大的蕨類外，大多數蕨類的根和莖都不發達，通常以匍匐方式生長(b)，而部分種類的孢子囊只著生在特化的孢子囊葉之上(c)。

(a)

(b)

(c)

(d)

◐ 圖3-20　裸子植物的典型代表如松柏門的松樹(a)；蘇鐵門的蘇鐵(b)；麻黃門的木麻黃(c)；銀杏門的銀杏(d)。

　　顯花植物門之下分為單子葉綱和雙子葉綱，其界定是以種子內的胚中含有一片或兩片子葉為依據。單子葉植物的形態特徵是具有平行脈和鬚根，代表性植物如草本的稻、麥、香蕉、芒草，以及木本的棕櫚、椰子等。至於雙子葉植物的形態特徵，基本上具有網狀脈和軸根，也有草本和木本之別，常見的如大花咸豐草、姑婆芋、桑樹、油桐等等（圖3-21）。

(a)

(b)

(c)

(d)

🔵 圖3-21　被子維管束植物的單子葉綱都是平行脈，如旅人蕉(a)和五節芒(b)；而雙子葉綱都是網狀脈，如油桐(c)和馬纓丹(d)。

3-9　動物界

　　動物界在分類學上有兩點共同的特徵，一是多細胞，二是異營性（參閱6-1 動物的特徵）。而目前已知並命名的動物約超過100萬種，大多數分類學家同意 將它們分成三十一個門，但若依據生理構造上有沒有脊椎骨這項特徵來區分，則 可把所有動物簡單的歸納為脊椎動物和無脊椎動物兩大類群，前者只有脊索動物 門一門，後者則涵蓋了三十個門。以下，僅針對與日常生活關係較密切的九個門 做概要性的介紹。

一、海綿動物門

　　海綿動物只有極少數的淡水品種，絕大多數都生活在海洋中。構造上，海綿 動物呈囊狀，中間的空腔稱為海綿腔，海綿腔上方的開口是海水流出的孔道。

　　構成海綿囊體的細胞可分為三類：外層是一種扁平的多角形細胞，有些特化 的孔細胞可讓體外的海水流入海綿腔內；內層細胞稱為襟細胞，具有鞭毛可捕食 海水中的浮游生物；而內外層細胞之間則藉由變形細胞和骨針相結合，是一種細 胞分化相對簡單的動物（圖3-22）。

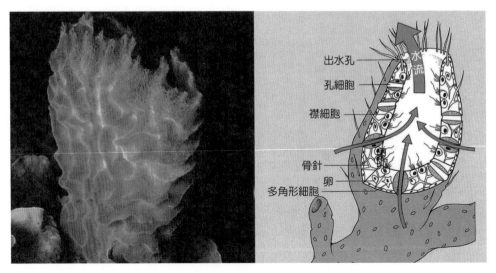

🔵 圖3-22　海綿囊體的細胞可分為多角形細胞、孔細胞、襟細胞三類，是一種細胞分化 相對簡單的動物。

海綿動物的再生能力很強，只要有一小塊海綿碎片就可再生成一個完整的個體。而其繁殖方式有兩種，除了無性的出芽生殖外，也可藉由精卵細胞進行有性生殖。

二、腔腸動物門

典型的腔腸動物如水母和水螅（圖3-23），它們的構造已經比海綿複雜許多，除了內皮細胞和表皮細胞外，還有簡單的神經網和可用來捕食的刺細胞(nematocysts)。此外，腔腸動物的內外皮層會圍成一個消化循環腔，內有腺細胞可消化吸收有機物，腔上有一個開口，口的周圍有觸手，觸手上長著刺細胞，刺細胞可攻擊並捕食小型海洋生物以獲取營養來源，這也是為何水母會螫人的原因（圖3-24）。

珊瑚也是腔腸動物之一，具有碳酸鈣的骨骼，其中鈣化速率快的種類被稱為造礁珊瑚，是構成珊瑚礁的主要生物，其他鈣化慢的被稱為軟珊瑚，只會產生不相連的小骨針包覆在軟組織中。

腔腸動物的繁殖方式除了無性生殖的出芽法外，也可同時釋放精卵細胞在海水中受精，以發揮有性生殖的功能。

三、扁形動物門

常見的扁形動物主要分屬在渦蟲綱、條蟲綱和吸蟲綱，它們已經進化到具有器官等級的構造，並有簡單的神經系統和排泄系統，生殖器官也很發達，但大多是雌雄同體。

渦蟲是渦蟲綱的代表物種，生活在有機質豐富但卻乾淨的水中，例如密林內的溪流或水族箱等環境（圖3-25）。渦蟲正常的生殖方式是以異體受精的方式進行有性生殖，但具有極強的再生能力，如果受外力切割，斷裂的蟲體能夠再生為兩個個體，但並不是常態的生殖方式。

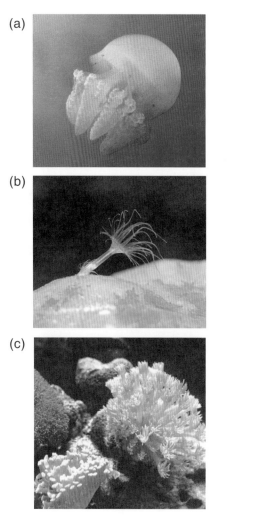

(a)

(b)

(c)

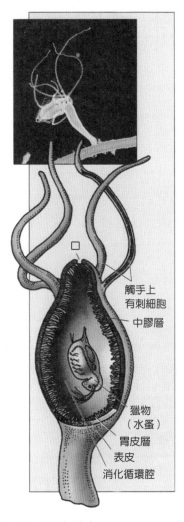

觸手上
有刺細胞

中膠層

獵物
（水蚤）

胃皮層

表皮

消化循環腔

● 圖3-23　水母(a)、水螅(b)和珊瑚(c)是
常見的腔腸動物。

● 圖3-24　以水螅為例，腔腸動物主要
構造包含消化循環腔、觸手和刺細胞。

　　條蟲是條蟲綱的代表，由於缺乏消化系統，所以全部以寄生方式生存，其身
體由節片相連而成，可長達十幾公尺，最前端稱為頭節，具有吸盤或鉤，附著在
寄主的腸道內壁以吸取營養。而寄生在人體的條蟲主要有裂頭條蟲、無鉤條蟲和
有鉤條蟲三種，它們的第一寄主分別是魚、牛和豬，如果人類誤食未經煮熟的魚
肉、牛肉或豬肉，就有可能被感染。

吸蟲綱的代表物種如分布廣泛的血吸蟲和中華肝吸蟲，它們也會寄生在牛、羊、狗等哺乳動物體內，所以是一種人畜共通的寄生蟲，對人類健康具有嚴重的威脅。血吸蟲和肝吸蟲都有一個以上的寄主，血吸蟲的第一寄主是淡水螺，第二寄主是人類；中華肝吸蟲的第一寄主是淡水螺，第二寄主是淡水魚，第三寄主才是人類。人類可能誤食未經煮熟的前一寄主，或是在水中活動時幼蟲經由皮膚傷口鑽入體內而感染，感染者可能出現腹水、黃疸、肝炎等症狀（圖3-26）。

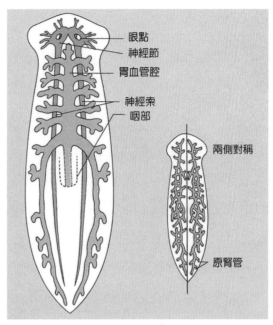

● 圖3-25　渦蟲已經進化到具有器官等級的構造，也有簡單的神經系統。

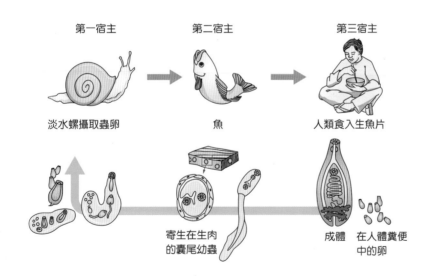

● 圖3-26　中華肝吸蟲是一種寄生性扁形動物，第一寄主是淡水螺，第二寄主是淡水魚，第三寄主才是人類。

四、線形動物門

線形動物門又稱圓形動物門,典型的代表如線蟲、蟯蟲、蛔蟲、鉤蟲等。線蟲大多生活在土壤或腐植質中,少數營寄生生活,例如松材線蟲即是經由天牛傳染的植物寄生蟲,而其他如蛔蟲、蟯蟲、鉤蟲等,則是以動物或人類為寄生對象。

寄生在人體的蛔蟲有雌蟲和雄蟲之分,交尾受精後,雌蟲每天可排出約20萬個受精卵隨寄主的糞便排出體外,其中少數受精卵可藉由被污染的水或蔬果再回到人體裡面。蛔蟲的受精卵進入人體後在腸道孵化,但幼蟲會先穿透腸壁進入血管而隨著血液在人體內巡遊,甚至穿透心肺等組織後才回到腸內變為成蟲。所以,感染蛔蟲對健康的傷害不只是營養被掠取的問題,其幼蟲在體內遷移所造成的傷害也不可忽視(圖3-27)。

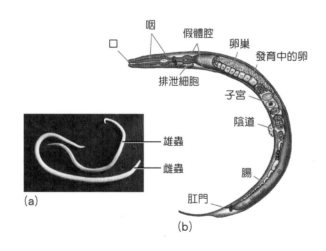

● 圖3-27 蛔蟲為雌雄異體,雄蟲體型略小,尾端勾向腹側是其特徵(a);而雌蟲體內則有發達的生殖器官(b)。

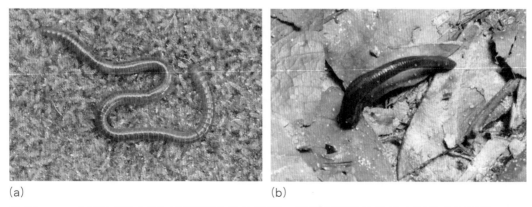

(a)　　　　　　　　　　　　　(b)

● 圖3-28 蚯蚓(a)和水蛭(b)是環節動物的代表,身體有環狀分節是它們的主要特徵。

五、環節動物門

環節動物以蚯蚓和水蛭為代表（圖3-28），身體有環狀分節是它們的主要特徵。蚯蚓以泥土中的腐植質為食，雖然雌雄同體但卻需要異體受精，受精卵排在以黏液形成的卵袋(cocoon)中於土壤內孵化。而水蛭又稱為螞蝗，生活在淡水、沼澤或潮濕的野地上，身體前端是一個長著齒和吸盤的口，口內分泌的唾液含有水蛭素(hirudin)可抑制血液凝固，因此，當它們伺機附著在人畜的表皮上時，就可順暢無阻的吸食寄主血液直到漲飽後才脫落離開。

六、棘皮動物門

棘皮動物全部生活在海洋中，現存的可分為海膽綱、海星綱、海參綱、海百合綱和蛇尾綱。這一門動物的共同特徵是具有棘狀突起的表皮，而海膽、海星等身體內還有石灰質骨片組成的內骨骼，骨骼表面也有棘狀突起，所以稱為棘皮動物（圖3-29）。

「管足」是棘皮動物特有的運動器官，管足可藉充水和排水所產生的伸縮力量而移動身體，某些種類的管足末端還有吸盤，可以牢牢的吸附在岩石表面，甚至可以用來剝開貝類的殼而取食其內臟組織（圖3-30）。

(a)

(b)

● 圖3-29　海膽(a)是最常見的棘皮動物，其石灰質內骨骼表面也有棘狀突起(b)。

● 圖3-30　海星也是棘皮動物，腹面發達的管足末端有吸盤，可牢牢吸附在岩石表面，也可用來剝開貝殼以取食其內臟組織。

七、軟體動物門

　　軟體動物門是動物界的第二大門，身體可分為頭部、肉足、內臟和外套膜四大部分，外套膜的功能是分泌殼或骨骼來保護身體，但外形上變化繁多，故在分類學上將這門動物分成七個綱，其中常見的是腹足綱、雙殼綱、頭足綱和多板綱（圖3-31）。

● 圖3-31　軟體動物門常見的四個綱。

（一）腹足綱

　　腹足綱是軟體動物門最大的一綱，代表性動物如蝸牛、蛞蝓、九孔、鳳螺等都是，它們共同的特徵是腹部有一片發達的肉足可供運動，頭部有齒舌可刮取岩石上的蘚苔或藻類嫩芽為食，還有一或兩對觸角和一對眼，眼的位置可能長在觸角的基部、中間或頂部。

　　腹足綱的殼有幾種變化，典型的是螺旋狀殼，如蝸牛、鳳螺、骨螺（圖3-32）；有些螺旋部退化，只剩下一個圓錐狀或馬蹄狀或唇狀的殼，如笠貝、

九孔、寶貝（圖3-33）；另外有些種類的殼則已退化或變成內殼，像海兔、蛞蝓
（圖3-34）即是。

(a)   (b)

🐌 圖3-32　有螺旋狀殼的腹足綱動物以蝸牛最為常見(a)，但某些蝸牛的殼口還具有殼蓋
的構造(b)。

(a)   (b)   (c)

🐌 圖3-33　笠貝(a)和九孔(b)的螺旋狀殼退化成一個圓錐狀；而寶貝(c)的殼則改變成唇狀。

(a)   (b)   (c)

🐌 圖3-34　海兔(a)和兩種常見的蛞蝓(b)(c)是殼已完全退化的腹足綱動物。

(二) 雙殼綱

雙殼剛又稱斧足綱，顧名思義，它們都具有兩片可以對合的外殼，而且有一片斧頭狀的肉足，但頭部已經退化。本綱的生物都是濾食性，它們藉由入水管和出水管過濾水中的有機物為食，很多種類可以食用甚至人工養殖，例如蜆、文蛤、牡蠣、扇貝、田蚌等即是（圖3-35），其中扇貝的閉殼肌經加工後可製作成一種叫干貝的高級食材，而田蚌則可用來養殖珍珠。

(三) 頭足綱

頭足綱全部都是海生的肉食性動物，身體分成頭、足和軀幹三大部分，且因為足是從頭部長出，所以叫做頭足綱。

鸚鵡螺是一種原始的頭足綱生物，有一個螺旋狀但分隔成的許多腔室的外殼。較進化的頭足綱則如鎖管、透抽、花枝、魷魚等，它們的外殼已經演化成硬質的或透明的內骨骼埋藏在身體背部，而章魚的殼則已經完全退化了（圖3-36）。

頭足綱「足的數量」也是重要的分類依據，大多數頭足綱生物有十支頭足，上面長著吸盤，其中較長的兩支具有捕食和交配的功能，但章魚的頭足只有八支，而鸚鵡螺的頭足則可多達九十支。

(a)

(b)

● 圖3-35　蜆(a)和文蛤(b)是最常見的雙殼綱食用貝類。

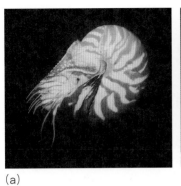  

(a)　　　　　　　　　　(b)　　　　　　　　　　(c)

◐ 圖3-36　鸚鵡螺(a)、鎖管 (b)、章魚(c)是常見的頭足綱動物。

（四）多板綱

多板綱也全部都是海生動物，最常見的是附著在海邊礁岩上以藻類為食的石鱉（俗稱鐵甲），它們最重要的特徵是身上有八片介殼成覆瓦狀排列（圖3-37）。

八、節肢動物門

節肢動物門是動物界的第一大門，特徵是身體都有分節、節上長著附肢、體表包覆著一層幾丁質的外骨骼，而這層外骨骼因為不會隨著身體成長，所以有定期蛻皮的現象。

◐ 圖3-37　石鱉身上有八片介殼成覆瓦狀排列，屬於軟體動物門、多板綱。

最早在地球上出現的節肢動物是三葉蟲（圖3-38），經過數億年的演化，它們變成是動物界中種類最多、數量最大、分布最廣的一群，不論陸地、水裡、天空都有它們的蹤跡，且與人類關係十分密切。

節肢動物的附肢，在形狀和功能方面有極大的變化，例如步足、泳足、觸角等都有其特化的功能。因此，節肢動物門的歧異度甚大，總共分成十幾個綱，但有的已經絕種，有的較為少見，故僅擷取其中六個常見的綱介紹於下。

（一）肢口綱

本綱生物是古老的物種，最知名的是鱟，又稱為馬蹄蟹，它們在地球上存活已超過四億年，所以有活化石之稱。鱟的身體由三部分構成，前端最大的是頭胸部，頭胸部下方有五對步足，後端是腹部，腹部下面有一根長長的尾節（圖3-39）。亞洲沿海地區的民眾會取鱟的肉和生殖腺為食，但由於它們的血液中含銅量過高，所以不宜多食。鱟的血液中含銅離子，呈現藍色，可作為革蘭氏陰性菌內毒素的檢測和定量之用，稱為鱟試劑。

（二）蛛形綱

蛛形綱是節肢動物門的第二大綱，特徵是有四對步足，但無觸角也無翅，全部都是陸生而且具有毒性，常見的像蜘蛛、蠍子、塵蟎、

● 圖3-38　三葉蟲是地球上最早的節肢動物，目前已經絕種，只有化石存在。

狗蚤等均是。不過像蠍子、鞭蠍等的生物，外觀上看似有五對步足，但第一對其實是從顎特化而成的觸肢，具有獵捕和觸覺功能（圖3-40）。

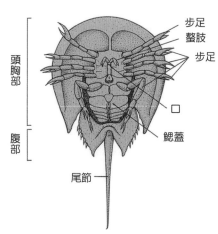

頭胸部　步足　螯肢　步足　口　鰓蓋
腹部　尾節

● 圖3-39　鱟又稱為馬蹄蟹，它們在地球上存活已超過四億年，所以有活化石之稱。

(a)　　　　　　　　　　　　　(b)

● 圖3-40　圖中的人面蜘蛛(a)和鞭蠍(b)看起來都有五對附肢，後四對是步足，第一對則是從顎特化而成的觸肢，具有獵捕和觸覺功能。

(a)　　　　　　　　　　　　　(b)

● 圖3-41　蜈蚣(a)和蚰蜒(b)是蜈蚣綱最常見的代表性生物。

　　蛛形綱生物的食性很特別，它們在捕食時通常會先用螯肢或觸肢將獵物殺死，甚至吐絲將獵物包覆後，再將消化液注入獵物體內，等獵物分解後，才開始吸食消化物。還有部分蛛形綱生物是以直接吸取寄主體液的方式進食，例如以人類為寄生對象的頭蝨、跳蚤、恙蟲等即是。

(三) 蜈蚣綱

　　蜈蚣綱又稱為唇足綱，最常見的代表性生物就是蜈蚣和蚰蜒（圖3-41）。蜈蚣綱生物都是肉食性，所以行動迅速且有發達的毒顎。形態上，除了第一體節長著觸角和毒顎、最末體節的步足延伸成尾狀外，中間的每一個體節各有一對步足，而步足的數量依不同種類而異，從15對到170對都有。

（四）馬陸綱

馬陸綱又稱為倍足綱，代表性生物就是馬陸。某些觀察不仔細的人，常常會將馬陸和蜈蚣混淆，但其實兩者在形態和習性上都有差異。馬陸綱的生物大多以腐植質為食，所以行動較遲緩也沒有毒顎，受驚嚇時會將身體蜷曲成圓盤狀（圖3-42）。馬陸的體節也是從十幾節到一百多節都有，但每一體節的步足數量，除了第二到第四體節是一對外，其他的體節都有兩對步足。

（五）軟甲綱

軟甲綱是節肢動物門的第三大綱，體表有一層堅硬的外骨骼，因為用鰓呼吸，所以都在水裡或岸邊活動。

常見的軟甲綱生物如蝦子和螃蟹（圖3-43），它們的頭部和胸部已癒合成頭胸部，其下有五對步足，第一對特化為鉗狀，而蝦子的腹部分為六節長在頭胸甲之後，但螃蟹的腹部則反折在頭胸甲下方。另外還有很多形狀各異的甲殼類生物，如水蚤、魚蝨、海蟑螂等。海蟑螂雖名為蟑螂，但其實是軟甲綱而非昆蟲綱的生物，它們有七對步足，經常在海岸礁岩上尋找有機碎屑為食（圖3-44）。

（六）昆蟲綱

昆蟲綱不僅是節肢動物門的第一大綱，也是所有動物中種類最多、數量最大、分布最廣的一群。在形態構造上，昆蟲綱的生物都具有三個共同特徵：(1)成

● 圖3-42　馬陸以腐植質為食，行動較遲緩也沒有毒顎，受驚嚇時會將身體蜷曲成圓盤狀。

(a)　　　　　　　　　　　　　　　(b)

🐚 圖3-43　蝦子(a)和螃蟹(b)是甲殼綱的代表性生物。

🐚 圖3-44　海蟑螂也是甲殼綱的生物，它們有七對步足，經常在海岸礁岩上尋找有機碎屑為食。

蟲身體分為頭、胸、腹三部分，並有幾丁質的外骨骼。(2)頭部有口器一個、觸角和複眼各一對；胸部分成三節，長著三對步足和兩對翅。(3)腹部分成十一節，但第一、二節大多退化，末端幾節也大多特化成外生殖器（圖3-45）。

　　由於昆蟲綱生物具有優異的適應力，因此不僅外觀上千變萬化，即使生理方面也演化出特殊的生活史來適應環境，而歸納其變化過程的差異，可分為完全變態、不完全變態、漸進變態和不變態四種類型。

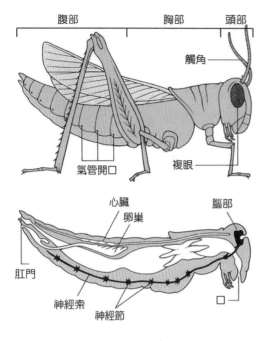

● 圖3-45　昆蟲綱的典型構造是身體分為頭、胸、腹三部分，頭部有口器一個、觸角和複眼各一對，胸部長著三對步足和兩對翅。

1. 完全變態

　　如蝴蝶、蜜蜂、蒼蠅等。這類昆蟲的生活史分為卵、幼蟲、蛹、成蟲四大階段，且每一階段的形態和生理都有顯著的不同。以蝴蝶為例，卵孵化後是具有體節的幼蟲，幼蟲經幾次蛻皮後會吐絲結繭將自己保護住，然後在繭中不吃不動，表皮漸漸變硬而化成「蛹」。蛹的外觀看似在休眠，但其內部卻在劇烈的改變，例如形成複眼、肌肉特化、神經整合、性腺發育等都在這個階段快速的發展。而當一切就緒，蛹殼裂開，成蟲破繭而出，隨後翅就充血長大，這時稱為「羽化」，從此正式進入成蟲生涯（圖3-46）。

2. 不完全變態

　　如蜻蜓、豆娘、蜉蝣等。它們的幼蟲生活在水中，形體與成蟲略有不同，在最後一次蛻皮前會爬出水面，蛻皮後就長出翅而飛到陸地過成蟲生活，在這段期間中沒有蛹的階段，這是所謂的不完全變態（圖3-47）。

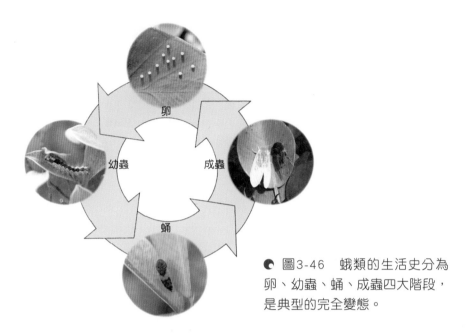

● 圖3-46　蛾類的生活史分為
卵、幼蟲、蛹、成蟲四大階段，
是典型的完全變態。

● 圖3-47　蜻蜓的幼蟲在最後一次蛻皮時直接長出翅來，在這段期間中沒有蛹的階段，
這是所謂的不完全變態。

3. 漸進變態

　　蝗蟲、蟋蟀、螽蟴、蟑螂等剛出生的幼蟲頭大體小且沒有翅，經過五次蛻
皮，體形漸大翅也漸長而變為成蟲，這種變態過程稱為漸進變態（圖3-48）。

● 圖3-48　螽蟴剛出生時還未長翅，隨著蛻皮而體形漸大翅也漸長，這是所謂的漸進變態。

4. 不變態

　　衣魚、彈尾蟲等是少數不變態的昆蟲，它們孵化後的形態幾乎就已和成蟲一樣，在成長過程中只是體形漸大，不會發生變態的現象（圖3-49）。

九、脊索動物門

　　脊索動物門是動物界中最進化的一門，其共同特徵是在胚胎階段有後列三種構造：(1)背部有一條縱走的脊索(notochord)，絕大多數的物種之後會發育成脊椎骨。(2)脊索上方有一條背神經管(dorsal tubular nerve cord)，之後會發育成腦和脊髓。(3)頭部兩側有鰓裂(gill slits)，以鰓呼吸的物種會繼續存在，其他的則會逐漸癒合（圖3-50）。

● 圖3-49　衣魚出生後的形態幾乎就已和成蟲一樣，成長過程中只是體形漸大，沒有變態的現象。

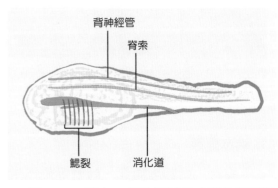

● 圖3-50　脊索、背神經管和成對的鰓裂是脊索動物胚胎期的共同特徵。

3-A ・變化多端的附肢

　　「身體分節、節上有附肢」是節肢動物門的重要特徵，但若進一步觀察，附肢的形態和功能真是千變萬化，可能變成用來步行、游泳、呼吸、生殖的器官，或形成口器、感覺器等。因此，為能清楚的描述，生物學上對各種附肢都有專用的名稱，但由於某些名稱很相似，容易讓人混淆，故將它們整理介紹如下：

1. 胸肢：泛指長在胸部或頭胸部的附肢，可能有步足、螯肢、觸肢、觸角等。

2. 腹肢：泛指長在腹部的附肢，可能有步足、泳足等。

3. 步足：用來步行的附肢。

4. 泳足：用來游泳的附肢。

5. 口器和顎：節肢動物的口器是由大顎、小顎、上唇、下唇和舌共同構成，但顎的形態變化很大，有的會特化成螯肢或觸肢，主要的功能是幫助捕食或咀嚼。

6. 螯肢：從顎特化而來，通常呈鉗狀，末端可能有毒腺，有撕裂和咀嚼的功能，通常都與攝食活動有關。

7. 觸肢：也是從顎特化而來，末端呈爪狀或鉗狀，通常比螯肢更長更強壯，有獵捕和觸覺功能，如蠍子的觸肢即是。

8. 顎足：蜈蚣綱第一體節上由步足特化而成的附肢，呈銳利的鉤狀，末端有毒腺開口，故又稱為毒顎。

9. 觸角：長在頭節上具有感覺功能的附肢，昆蟲和蜈蚣有一對，甲殼綱的蝦蟹則有兩對，但蜘蛛、蠍子就沒有觸角。昆蟲的觸角變化甚大，有絲狀、羽狀、櫛狀、棍棒狀等等不同的形態。

10. 翅：生物學上昆蟲的飛行器官稱為「翅」，翅長在昆蟲的中胸和後胸各一對，但部分昆蟲其中的一對會變成翅鞘或平衡棒。其他生物中真正可以飛行的還有鳥類和哺乳類的蝙蝠，鳥類的飛行器官叫「翅膀」；而蝙蝠的飛行器官則叫「翼手」。

11. 感覺毛：長在節肢動物身體或附肢表面的毛狀物，是嗅覺、觸覺或震動的感受器。但其他動物身上也有感覺毛存在，只是在不同動物身上有不同的名稱，例如長在貓、狗等哺乳動物臉部的感覺毛叫「觸鬚」；長在鳥類嘴巴上的感覺毛叫「羽鬚」或稱為「髭羽」，兩者都不適用在節肢動物上。

　　現存的脊索動物超過四萬種，分為尾索亞門、頭索亞門和脊椎動物亞門，前兩者都是海生且少見，如海鞘（圖3-51）和文昌魚（圖3-52），而脊椎動物亞門則種類繁多並分布廣泛，其下分為七個綱，分別是無頜魚綱、軟骨魚綱、硬骨魚綱、兩棲綱、爬蟲綱、鳥綱、哺乳綱等。

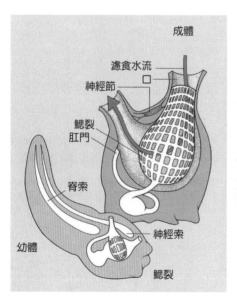

● 圖3-51　海鞘是少數尾索動物之一。

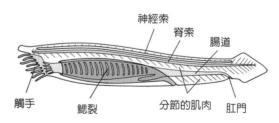

● 圖3-52　文昌魚是一種構造簡單的頭索動物，大多數時間都潛在沙裡，過濾食性生活。

（一）無頜魚綱

無頜魚綱的代表物種是盲鰻和八目鰻，它們的特徵是沒有上下頜骨，口呈圓形有吸盤或角狀齒，可吸取其他魚類的血液或以腐肉為食（圖3-53）。外觀上，無頜魚的體表光滑沒有鱗片，也缺少成對的鰭，是演化史中最原始的魚類。

（二）軟骨魚綱

本綱生物的特徵是全身骨骼都是軟骨，體表大多有盾狀鱗，頭部有五到七個鰓裂，以體內受精、卵生或卵胎生的方式繁殖，典型的代表是鯊魚和魟魚（圖3-54）。

（三）硬骨魚綱

與軟骨魚綱相對應，本綱生物的骨骼已轉變成鈣化的硬質骨，常見的如吳郭魚、鮪魚、石斑魚都是。硬骨魚綱的共同特徵是頭部兩側各有一個鰓蓋，水由口吸入再從鰓蓋裂縫流出，藉此讓鰓進行呼吸功能。而身體表面大多被覆瓦式的

(a)

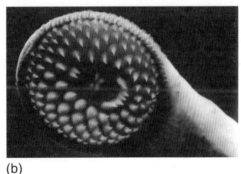

(b)

(c)

🐟 圖3-53　盲鰻(a)與八目鰻都是無頜魚類，八目鰻的口呈圓形並有角狀齒(b)，以吸食其他魚類的血液維生(c)。

(a)   (b)

● 圖3-54　豆腐鯊和魟魚都是軟骨魚類(a)，成對的鰓裂是其主要特徵(b)。

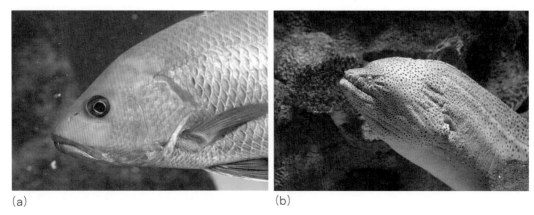

(a)   (b)

● 圖3-55　硬骨魚綱的共同特徵是頭部有一對鰓蓋，身體表面大多被覆瓦式的櫛狀鱗所保護(a)，但也有少數種類的鱗片退化消失(b)。

櫛狀鱗所保護，只有少數種類的鱗片退化消失，如鱔魚、鰻魚、泥鰍等就是（圖3-55）。

(四) 兩棲綱

　　兩棲綱的生物又分為有尾目、無尾目和蚓螈目（無足目），代表物種分別為蠑螈和娃娃魚、青蛙和蟾蜍以及蚓螈（圖3-56）。兩棲類名稱的由來，是因其生活史中幼體生活在水裡、成體生活在陸地的緣故。而為能適應兩種不同的環境，在呼吸器官方面有極大的轉變，幼體是以鰓呼吸，成體則是以肺和皮膚來共同負擔交換氣體的任務。但由於兩棲綱必須在水中交配以達成體外受精，皮膚也必須保持濕潤來幫助呼吸，故大多在離水源不遠的環境中活動（圖3-57）。

🌀 圖3-56　蠑螈(a)屬兩棲綱有尾目，澤蛙(b)則是兩棲綱無尾目。

（五）爬蟲綱

　　爬蟲綱的代表性生物如龜、蛇、蜥蜴、石龍子、鱷魚（圖3-58），它們已經演化成可以完全適應陸地生活的動物，不僅用肺呼吸，體表也包覆著鱗皮或甲骨以防止水分散失，且生殖方式也已轉變成體內受精，並將卵產在陸地上孵化。至於海龜、海蛇等水生爬蟲類，則是演化完成後為了適應環境又回去水中生活的緣故（圖3-59）。

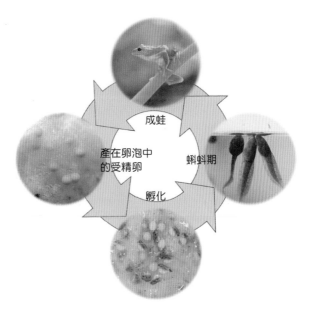

成蛙

產在卵泡中的受精卵

蝌蚪期

孵化

🌀 圖3-57　台北樹蛙是台灣的特有種兩棲類，其生活史與大多數兩棲動物類似。

（六）鳥　綱

　　雞、鴨、麻雀、鴕鳥等都是常見的鳥綱動物（圖3-60），特徵是前肢演化成翅膀，體表長出羽毛包覆，且體溫恆定。它們為了適應飛行，在生理上有些特別的變化，例如骨骼中空、膀胱退化、視力特別發達等。而在行為上，鳥類善於運

用鳴聲和羽色來溝通或自我保護，且為了在不同季節尋覓最佳的生活環境，某些鳥類會有遷徙的行為，即是所謂的候鳥。

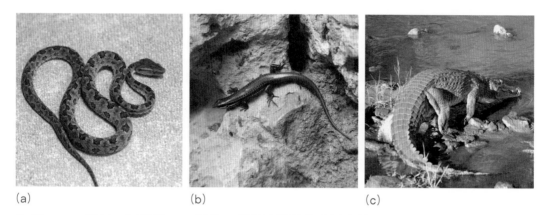

(a)   (b)   (c)

🔵 圖3-58　蛇(a)、石龍子(b)、鱷魚(c)是爬蟲綱的代表性生物。

🔵 圖3-59　龜類也屬爬蟲綱，用肺呼吸，體表有甲骨防止水分散失，且將卵產在陸地上孵化。

(a)   (b)   (c)   (d)

🔵 圖3-60　雞(a)、鴨(b)是已經馴化為家禽的鳥類；綠繡眼(c)是台灣常見的野鳥；駝鳥(d)是體形最大的鳥類但已經無法飛行。

(七) 哺乳綱

哺乳綱最主要的特徵是有乳腺可以分泌乳汁來哺育幼獸,且表皮著生體毛,是一種恆溫動物,而依據生理上的演化差異,哺乳綱可分為卵生哺乳類、有袋類、胎盤類三大類群,分述如下:

1. 卵生哺乳類

卵生哺乳類的代表如鴨嘴獸和針鼴,目前僅存於澳洲和新幾內亞(圖3-61)。這類哺乳動物特別的是以卵生方式繁殖,鴨嘴獸將卵產在巢中,而針鼴則是產在一個臨時的腹袋內利用體溫孵化。且由於雌獸沒有乳房和乳頭,乳汁是從腹部的毛孔泌出,所以幼獸是以舔食的方式攝取乳汁以成長。

2. 有袋類

有袋類大多生活在澳洲,只有少數在南美洲發現。這類動物已不產卵,但受精卵在子宮內發育的時間甚短,在幼獸尚未發育完全就產出體外。之後,幼獸會憑藉本能爬進雌獸的育兒袋內吸住乳頭,直到個體發育完全才離開育兒袋進行獨立生活,典型的代表如袋鼠、無尾熊等（圖3-62）。

3. 胎盤類

胎盤類有高度進化的生殖方式,幼獸在母體內經由胎盤吸收母體提供的營養,直到發育完全後才產出體外,有些物種的幼獸甚至在出生後幾十分鐘內就

(a)

(b)

● 圖3-61　鴨嘴獸(a)和針鼴(b)是卵生哺乳類的代表,目前僅存於澳洲和新幾內亞。

可以自行奔跑，且大多數物種的幼獸都會受到成獸的照顧與保護，所以在演化上
比有袋類更佔優勢，分布也更廣泛。例如天上飛的蝙蝠、水裡游的鯨豚、土裡鑽
的田鼠，還有數不清的種類在地面或樹上活動，這些都是胎盤類演化成功的例證
（圖3-63）。

(a)

(b)

◐ 圖3-62　袋鼠(a)和無尾熊(b)是有袋類的代表。

(a)

(b)

(c)

◐ 圖3-63　胎盤類在演化上極佔優勢，除了一般在陸地上活動的哺乳類外(a)，有些演化
成適應在水裡生活，如海獅(b)，另有些還演化成樹棲型的生物，如長臂猿(c)。

延
伸
學
習

3-B · 生物分類系統的演變

　　十九世紀以前，生物學家將當時已知的生物只歸類為植物界和動物界兩界。到了1866年， Haeckel 認為細菌、藍綠菌、原生動物、藻類等與動、植物的典型特徵有很大的差別，故提出將這些生物另歸類為原生生物界。

　　1959年，Whittaker認為真菌沒有葉綠素，在營養方式上與植物完全不同，故將真菌從植物界中獨立出來，另外建立了一個真菌界，其地位定在原生生物界之上、植物界之下。

　　10年後（1969年），Whittaker又認為細菌與藍綠菌的細胞是一種原核細胞，與其他生物的真核細胞明顯不同。因此，再將原本歸類在原生生物界的細菌與藍綠菌另外設立一個原核生物界，並將其地位定在原生生物界之下，這就是生物分類史上的「五界分類系統」。

　　部分研究微生物的學者認為，五界分類系統仍然不能完全區分微生物的類別，如Carl Woese（1977）、Cavalier Smith（1989)等人，便進一步提出更細密的分類系統。他們認為地球上的所有生物可區分為三個「域」，分別是古菌域、細菌域和真核生物域，古菌域的生物歸類為古細菌界；細菌域的生物歸類為真細菌界；而真核生物域則分成古真核生物界、原生生物界、有色界（原藻界）、真菌界、植物界、動物界等，這即是所謂的「三域八界說」。其中Cavalier Smith提出的古真核生物界被認為是最早演化的真核生物，細胞內沒有雙層膜的粒線體構造，代表性物種為後滴門，但近年基因定序技術愈來愈精確，發現後滴門中的賈第鞭毛蟲(*Giardia intestinalis*)、陰道滴蟲(*Trichomonas vaginalis*)等物種有粒線體基因遺留在細胞核的基因組中，因此認定古真核生物界實際上並不存在。

　　二十世紀後期，由於分子生物學的精進，分類學家開始嘗試以分析核酸序列的技術來重新檢討生物分類系統，並且已有一些新的見解被陸續提出。但到目前為止，由於五界分類系統已經流傳久遠，而且也是最貼近生活經驗的分類法則，因此仍然被大多數人所運用。不過，在五界分類系統中，有少數類群的分類位置仍有爭議。最常遇到的困擾是，多細胞綠藻、紅藻、褐藻等大型藻類，有人主張把它們歸類在植物界，也有人主張歸類在原生生物

界。主張前者的人認為，藻類是可以進行光合作用的多細胞生物，所以與植物較相近；但主張後者的則認為，藻類並沒有根莖葉的分化，也沒有維管束構造，細胞壁的成分也與植物不同，所以兩者之間只是小同但大異，故不論是單細胞藻類或多細胞藻類，都把它們歸入原生生物界的藻類亞界。

　　儘管如此，還是有些生物的分類位置實在很難確立，最明顯的例子是眼蟲。這種生物既有光合色素可以進行光合作用，又有鞭毛可以運動，看來同時具有藻類和原生動物的特性，所以有些分類學者將它歸類於原生生物界、藻類亞界的裸藻門；但也有人主張將它歸在原生生物界、原生動物亞界的鞭毛蟲門（圖3-B1）。但其實，眼蟲在醣類代謝上，既不像原生動物會產生肝糖，也不像藻類會製造澱粉，所以把它放在任何一個位置都不適當，可見，生物分類系統其實是一個仍在討論和修訂的法則，有些小細節的出入和爭議可能是難以避免的。本書參考中央研究院TaiBNET台灣物種名錄，依循國際生物多樣性機構Species 2000出版之Catalogue of Life，採用三域七界的分類系統。

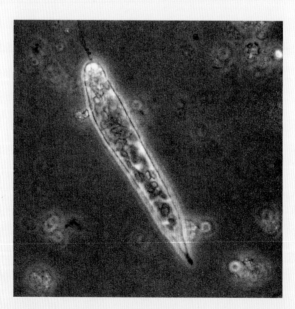

● 圖3-B1　眼蟲同時具有藻類和原生動物的特性，所以有些分類學者主張將它歸類於藻類亞界的裸藻門；但也有人主張將它歸在原生動物亞界的鞭毛蟲門。

Chapter at a Glance Outline

本｜章｜綱｜要

1. 生物多樣性可歸納為生態多樣性、物種多樣性和基因多樣性等三大內涵。

2. 現行的生物命名方式，是依據「二名法」而來，每一物種的學名是由兩個拉丁文的單字所組成，第一個單字為屬名，第二個單字為種小名。

3. 現行的生物分類法，分為界、門、綱、目、科、屬、種七個階層，若有某一階層所含括的生物實在太多，為能更精確的區辨生物，每一階層之下還可以分成幾個「亞」群。

4. 目前被大多數生物學家所接受的生物分類系統，將所有生物分成古菌域、細菌域和真核生物域外加病毒。真核生物域又分成原生生物界、原藻界、真菌界、植物界和動物界。

5. 簡易的病毒分類法可依其寄生對象和構造特徵概分為：噬菌體、植物病毒、動物病毒、類病毒。

6. 細胞的形態並非完全相同，以其構造和生理來區分，可歸納為原核細胞和真核細胞兩大類。

7. 原核生物是由原核細胞所構成，沒有細胞內膜，遺傳物質沒有核膜包覆，主要分為古細菌、真細菌和藍綠菌三個類群。

8. 細菌的外形是最基本的分類依據，依此可分為球菌、桿菌、螺旋菌三類。

9. 真菌界除了酵母菌等少數單細胞種類外，其他都有菌絲的構造，較常見的大概歸屬在四大門，分別是擔子菌門、子囊菌門、接合菌門、半知菌門等。

10. 植物界的特徵包括：(1)都具有光合色素。(2)都具有纖維素成分的細胞壁。(3)生活史中有「世代交替」現象。

11. 當前的植物分類學將所有植物分為十個門，若以較簡要的方式分類，可分為非維管束植物、孢子維管束植物、裸子維管束植物、被子維管束植物四大類群。

12. 動物界的共同特徵是：(1)都是多細胞的個體。(2)全部都是異營性。

13. 動物界總共分成三十一個門，但若依據生理構造上有沒有脊椎骨這項特徵來區分，則可簡單歸納為脊椎動物和無脊椎動物兩大類群。

14. 軟體動物門是動物界的第二大門，身體可分為頭部、肉足、內臟和外套膜四大部分，但外形上變化繁多，常見的是腹足綱、雙殼綱、頭足綱和多板綱。

15. 節肢動物門是動物界的第一大門，特徵是身體都有分節、節上長著附肢、體表包覆著一層幾丁質的外骨骼，而這層外骨骼因為不會隨著身體成長，所以有定期蛻皮的現象。

16. 昆蟲綱生物具有優異的適應力，在生理上也演化出特殊的生活史來適應環境，歸納其變化過程的差異，可分為完全變態、不完全變態、漸進變態和不變態四種類型。

17. 脊索動物門是動物界中最進化的一門，共同特徵是在胚胎階段有脊索、背神經管和鰓裂等三大構造。

18. 脊椎動物亞門種類繁多並分布廣泛，其下分為無頜魚綱、軟骨魚綱、硬骨魚綱、兩棲綱、爬蟲綱、鳥綱、哺乳綱等七個綱。

19. 哺乳綱的特徵是有乳腺、恆溫、表皮著生體毛，可分為卵生哺乳類、有袋類、胎盤類三大類群。

Review Activities

學|習|評|量

1. 生物多樣性是一項廣博而複雜的議題，但基本上可歸納為＿＿＿＿＿＿多樣性、
   ＿＿＿＿＿＿多樣性和＿＿＿＿＿＿多樣性三大內涵。

2. 地球上有熱帶雨林、熱帶草原、針葉林、凍原等，這就是地球上的＿＿＿＿＿＿
   多樣性。

3. 學名是由兩個拉丁文單字所組成，第一個單字為＿＿＿＿＿＿名，是名詞，所
   以字首要大寫；第二個單字為＿＿＿＿＿＿名，是形容詞，所以都是小寫。

4. 生物學上所稱的「種」，是指「一群可以相互＿＿＿＿＿＿，並可產下具有＿＿＿＿＿
   能力之後代的生物」。

5. 生物分類系統發展至今，大多數生物學家認同將所有生物分成三大域，其名
   稱分別是＿＿＿＿＿＿域、＿＿＿＿＿＿域、＿＿＿＿＿＿域，但這三
   域中還沒有將特異性極高的＿＿＿＿＿＿納入。

6. 病毒沒有細胞構造，只由一個蛋白質成分的＿＿＿＿＿＿，包圍著一段
   ＿＿＿＿＿＿中心而形成。

7. 原核生物最簡易的分類方法是將它劃分為＿＿＿＿＿＿、＿＿＿＿＿＿和
   ＿＿＿＿＿＿三個類群。

8. 藻類的細胞壁成分是＿＿＿＿＿＿；植物的成分是＿＿＿＿＿＿。

9. 常見的香菇、木耳是屬於真菌界的＿＿＿＿＿＿門；冬蟲夏草菌、松露菌是
   屬於真菌界的＿＿＿＿＿＿門；黑黴菌是屬於真菌界的＿＿＿＿＿＿門。

10. 依據維管束特徵，植物可分為＿＿＿＿＿＿植物、＿＿＿＿＿＿植物、
    ＿＿＿＿＿＿植物、＿＿＿＿＿＿植物四大類群。

11. 單子葉植物的形態特徵是具有＿＿＿＿＿＿＿脈和＿＿＿＿＿＿＿根；雙子葉植物的形態則是具有＿＿＿＿＿＿脈和＿＿＿＿＿＿根。

12. 動物界在分類學上有兩點共同的特徵，一是＿＿＿＿＿，二是＿＿＿＿＿。

13. 中華肝吸蟲在分類學上屬於＿＿＿＿＿動物門，第一寄主是＿＿＿＿＿，第二寄主是＿＿＿＿＿，第三寄主才是人類。

14. 「管足」是＿＿＿＿＿動物特有的運動器官；螺旋狀殼是＿＿＿＿＿綱的特徵。

15. ＿＿＿＿＿綱是節肢動物門的第一大綱；＿＿＿＿＿綱是節肢動物門的第二大綱。

16. 完全變態的昆蟲生活史分為＿＿＿＿＿、＿＿＿＿＿、＿＿＿＿＿、＿＿＿＿＿四大階段。

17. 哺乳綱可分為＿＿＿＿＿、＿＿＿＿＿、＿＿＿＿＿三大類群。

18. 題目所列的是一些生物的名稱或其分類特徵，請將其正確的對應分類階層（如答案選項所列），以代號填入題目前的答案欄內。（題目與答案無一對一的關係）

題目：

01.( ) 有體毛　　　02.( ) 有乳腺　　　03.( ) 六隻腳會蛻皮

04.( ) 八隻步足會蛻皮　05.( ) 有管足　　　06.( ) 十隻步足有甲殼

07.( ) 有鱗皮或甲　08.( ) 有細胞但無核　09.( ) 有螺旋狀殼

10.( ) 鯨魚　　　11.( ) 鯊魚　　　12.( ) 吳郭魚

13.( ) 鱷魚　　　14.( ) 蚯蚓　　　15.( ) 牡蠣

16.( ) 蛞蝓　　　17.( ) 鴨嘴獸　　　18.( ) 蝙蝠

19.( ) 絛蟲　　　20.( ) 香菇　　　21.( ) 筆筒樹

答案選項：

a. 原核生物界　　b. 真菌界　　　　c. 蘚苔植物　　　d. 孢子植物　　　e. 裸子植物

f. 棘皮動物門　　g. 扁形動物門　　h. 線形動物門　　i. 環節動物門　　j. 腹足綱

k. 雙殼綱　　　　l. 頭足綱　　　　m. 蛛形綱　　　　n. 昆蟲綱　　　　o. 甲殼綱

p. 軟骨魚綱　　　q. 硬骨魚綱　　　r. 兩棲綱　　　　s. 爬蟲綱　　　　t. 哺乳綱

u. 鳥綱

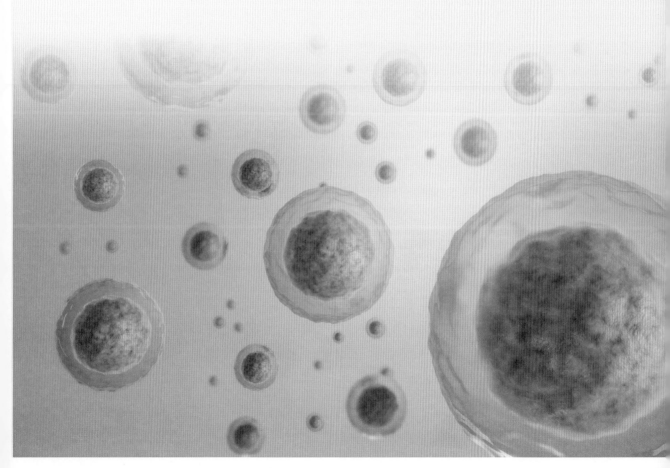

細胞的構造與功能

1665年，英國科學家虎克(Hooke Robert)用複式顯微鏡觀察生物的細部構造時，發現橡樹的木栓層薄片中有許多類似蜂巢狀的隔間，於是將它們取名為「cell」，這就是細胞名稱的由來。十幾年後，荷蘭的李文霍克(Leeuwenhoek)用自製的顯微鏡持續發現了原生動物和細菌，成為生物學發展史中第一個看見活細胞的人，也開啟了研究微觀生物領域的大門。

　　到了十九世紀，單細胞藻類、根尖細胞、細胞核、細胞分裂等被相繼發現，相關的細胞理論也陸續發表，其中較重要的如1838年德國植物學家許來登(Schleiden)提出的「細胞學說」，其內容認為植物是由細胞所構成的；第二年，德國生理學家許旺(Schwann)則認為動物也有相同的基本構造。於是，細胞與生物之間的關係逐漸明朗，對細胞的認知也漸趨成熟，而綜合各家論述，擴充彙整後的「細胞學說」包括下列四項主要內容：

1. 細胞來自於細胞，即所有細胞都是由原本存在的活細胞分裂而來。

2. 細胞是生物的構造單位也是功能單位。

3. 所有生物都是由單一細胞發育而成。

4. 各種細胞是基本構造相似的有機體。

4-1　細胞的形態與類別

　　已知最大的細胞是鴕鳥的蛋黃，直徑約5~6cm；最小的是一種黴漿菌，只有0.2μm（1μm = 1微米 = 0.001mm），但一般細胞的大小約是20μm左右。不過細胞的外觀千變萬化，以人體來看，神經細胞的長度可達1m以上；精細胞的長度也有60μm，而卵細胞的直徑約200μm。因此，細胞的大小與生物的體形大小無關，大象比老鼠大，並非大象的細胞比老鼠的大，而是因為大象的細胞比老鼠多。

　　雖然細胞的基本構造具有極高的相似度，但現存的生物細胞可分為「原核細胞」與「真核細胞」兩大類。由原核細胞構成的生物，在生物分類學上都歸屬在古菌域和細菌域，代表生物是細菌和藍綠菌（參閱3-5 原核生物－古菌域和細菌域），而其他的生物則都是由真核細胞所構成。

　　原核細胞與真核細胞的差別在於細胞核與細胞器的狀態不同。真核細胞有發達的內膜構造，各種重要的物質都由內膜將它包覆成獨立的顆粒，例如染色體被核膜包起來形成細胞核、呼吸酵素被內膜包起來形成粒線體，因此在顯微鏡下可以看見獨立存在的細胞核與各種不同的細胞器。反觀原核細胞，除了核糖體外，染色體、光合色素或各種酵素都直接分布在細胞質內，所以在顯微鏡下看不到細胞核的存在。

　　除了細胞核與細胞器的狀態不同外，原核細胞與真核細胞另一項差異表現在細胞分裂的時候。原核細胞因為缺乏微管和微絲的構造，所以在細胞分裂時不會形成紡錘絲，但真核細胞一般都有明顯的紡錘絲出現（表4-1）。

● 表4-1 原核細胞與真核細胞的構造差異比較表

構造或作用名稱	原核細胞	真核細胞
核膜	沒有核膜，無細胞核。	有核膜，形成細胞核。
染色體	只有環狀的DNA，直接懸浮在細胞質裡。	由DNA結合蛋白質形成染色體，存在細胞核裡面。
細胞器	只有核糖體。	有核糖體、內質網、高爾基氏體、粒線體、溶小體、中心體、葉綠體、微管、微絲等。
呼吸作用	在細胞膜進行。	在粒線體進行。
光合作用	在細胞膜或光合作用膜進行。	在葉綠體進行。
細胞分裂方式	原核細胞分裂。	有絲分裂、減數分裂、無絲分裂。

4-2　真核細胞的構造

　　細胞膜、細胞核、細胞質合稱為真核細胞的三大構造。其中細胞質涵蓋了細胞液與細胞器，是進行各種細胞生理現象的主要位置（圖4-1）。

(a)

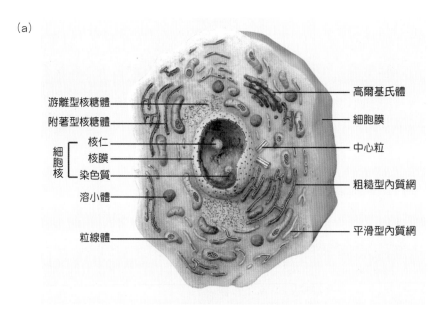

(b)

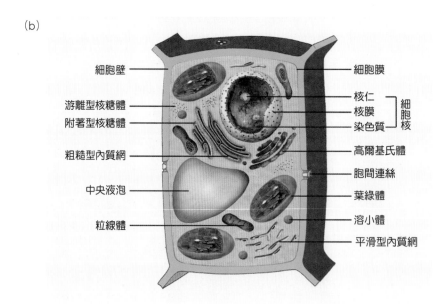

● 圖4-1　動物細胞(a)和植物細胞(b)的基本構造類似，包含細胞膜、細胞核和多種細胞器，不過植物細胞沒有中心體，卻多了細胞壁、葉綠體和大型的液泡。

一、細胞膜 (cell membrane)

細胞膜是一種由醣類、蛋白質及磷脂質所組成的漿膜，基本的功能是維持細胞形狀並區隔細胞的內外環境，讓各種細胞作用得以有效的進行。但由於各種細胞作用中，吸收養分或排除代謝產物是隨時在發生的，因此細胞膜必須兼具控制物質進出的功能。

細胞膜主體是由磷脂雙層鑲嵌著一些轉運蛋白分子而構成，轉運蛋白主要分為通道蛋白(channel protein)和載體蛋白(carrier protein)兩大類。水和大部分非極性分子可以自由穿透磷脂雙層進出細胞；某些特定的物質可以經由通道蛋白出入；而載體蛋白則透過與分子結合並翻轉等複雜的機制，搬運物質通過細胞膜（圖4-2）。因此，對物質而言，細胞膜扮演決定哪些物質可以進出細胞的角色，這樣的特性稱為「選擇性通透能力」或「半透性」。

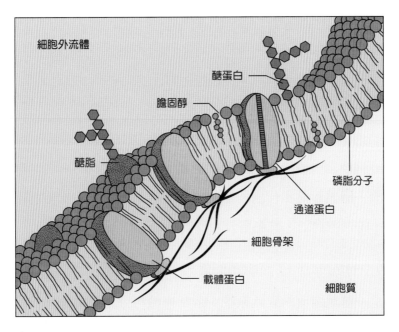

● 圖4-2　細胞膜主體是由磷脂雙層鑲嵌著一些轉運蛋白分子而構成，轉運蛋白主要分為通道蛋白和載體蛋白兩大類。

二、細胞核 (nucleus)

細胞核主要分為核膜、染色質、核仁與核質四部分（圖4-3）。核膜包圍在細胞核外圍，將細胞核與細胞質做明顯的區隔，但膜上有核孔(nuclear pore)，可以讓某些物質進出。染色質是細胞核內最重要的部分，由DNA和蛋白質所組成，是儲存生物基因的地方，而核仁則是形成rRNA（核糖體RNA）的場所。除染色質與核仁外，核內的其他物質統稱為核質。

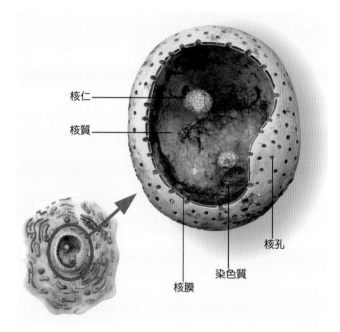

核仁
核質
核孔
染色質
核膜

● 圖4-3　細胞核主要分為核膜、染色質、核仁與核質四部分。

三、細胞質 (cytoplasm)

細胞質是泛指細胞膜內除細胞核以外的所有物質，由細胞液(cytosol)與細胞器所組成。細胞液是一種半透明的漿狀液體，含水量約80%，內含無機離子、胺基酸、核苷酸、醣類等細胞代謝所需的養分或代謝產物。而細胞器則是指核糖體等十多種微小的細胞構造，其名稱及主要功能分述如下：

(一) 內質網 (endoplasmic reticulum)

內質網是一種封閉型的膜狀系統，依其形態可分為平滑型和粗糙型兩類。粗糙型內質網(rough endoplasmic reticulum, RER)大多由數個相通的扁平狀膜囊並列而成，外膜上有核糖體附著，但平滑型內質網(smooth endoplasmic reticulum, SER)表面則沒有核糖體（圖4-4）。

粗糙型內質網的功能主要是暫存核糖體所製造的蛋白質並轉運到細胞的其他地方,所以在蛋白質合成作用旺盛的細胞內,具有較多的粗糙型內質網。而平滑型內質網的功能比粗糙型的更為複雜,目前已知和糖類、脂類、激素的合成與運送有關。

(二) 核糖體 (ribosome)

核糖體是一種由蛋白質和RNA組成的微小顆粒,只能在電子顯微鏡下才能看見,依其存在位置可區分為附著型核糖體和游離型核糖體兩種,前者附著在粗糙型內質網的表面,而後者則游離在細胞液之中(圖4-5)。

不論是附著型或游離型的核糖體,主要的功能都是合成蛋白質,但差別是兩種核糖體所產生的蛋白質在用途上有些不同。附著型核糖體所合成的蛋白質大多是分泌到細胞外以達成某種功能,如抗體蛋白、酶蛋白等,而游離型核糖體所

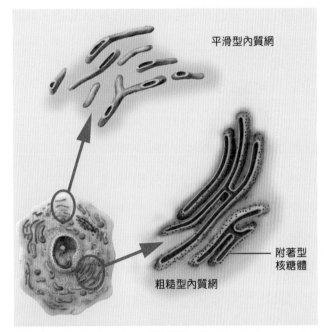

● 圖4-4 內質網是一種封閉型的膜狀系統,依其形態可分為平滑型和粗糙型兩類,粗糙型內質網外膜上有核糖體附著。

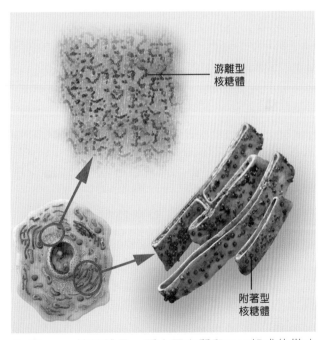

● 圖4-5 核糖體是一種由蛋白質和RNA組成的微小顆粒,可以分為附著型和游離型兩種,前者附著在粗糙型內質網的表面,而後者則游離在細胞液之中。

合成的蛋白質則大多提供細胞自身所使用,如紅血球所製造的血紅蛋白、肌細胞製造的肌纖維蛋白就是。

(三) 高爾基氏體 (Golgi apparatus)

高爾基氏體是由3～7個扁平狀膜囊相互黏合而成(圖4-6)。功能上,它可以接受從粗糙型內質網運送過來的蛋白質,在膜囊內暫存後重新包裝成分泌囊泡,當分泌囊泡與高爾基氏體分開後,會移向細胞膜並與之融合而將蛋白質釋出細胞外。因此,高爾基氏體的主要功能在完成細胞的分泌作用,所以在腺體細胞中特別發達。

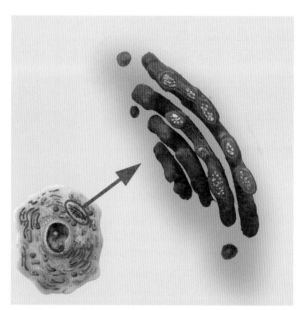

● 圖4-6 高爾基氏體是由3～7個扁平狀膜囊相互黏合而成,主要功能在完成細胞的分泌作用。

(四) 粒線體 (mitochondrion)

粒線體是一種大型而明顯的細胞器,總體積約佔細胞質的四分之一,大多呈短棒狀,但在一些形狀特別的細胞中也可能變成環形或線狀。構造上,粒線體由兩層膜包圍而成,外膜平滑,內膜向內摺曲成數個嵴狀突起,內膜以內則是基質,基質有豐富的呼吸酶,是細胞氧化葡萄糖產生能量的主要場所,所以有「細胞的發電廠」之稱(圖4-7)。因

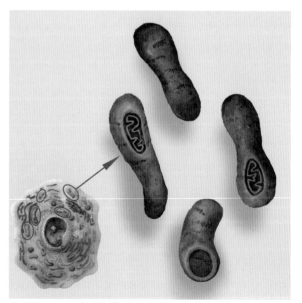

● 圖4-7 粒線體由兩層膜包圍而成,外膜平滑,內膜向內摺曲成數個嵴狀突起。

此，在必須消耗較多能量的細胞內有數量龐大的粒線體，例如心臟的肌細胞和大腦細胞即是。

(五) 溶小體 (lysosome)

溶小體是由粗糙型內質網所製造的一種單膜囊泡，內含多種分解酶，可以分解多糖、磷脂、核酸、蛋白質等多種物質。主要的功能表現在「胞內消化」和「自我分解」這兩種作用上。

所謂胞內消化，是細胞藉由吞噬作用將外界的物質內飲成「食泡」，溶小體再與之結合，讓分解酶將飲入的物質分解成小分子後才吸收入細胞質的過程（圖4-8）。這是某些原生動物如變形蟲、草履蟲等取得營養的重要機制，而多細胞生物的白血球也可藉此作用消滅外來的病原。至於自我分解則是表現在即將退化或凋亡的細胞上，例如蝌蚪的尾部細胞就是因為溶小體的作用而逐漸消失，而死亡細胞也必須藉由溶小體的分解酶將它清除，以完成細胞更新的功能。

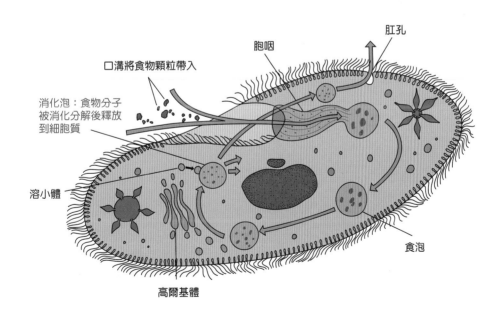

● 圖4-8　草履蟲將食物內飲成「食泡」，再讓溶小體與食泡結合，溶小體的分解酶就可消化食泡內的物質，繼而吸收入細胞質內，這就是典型的胞內消化過程。

(六) 中心體 (centriole)

中心體是一種無膜的細胞器，由兩個相互垂直的中心粒和周圍的均勻胞質所構成，只出現在動物和某些藻類、蘚苔植物的細胞中（圖4-9）。

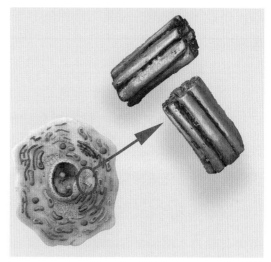

從觀察細胞的生命週期發現，中心體在細胞分裂之前，會和染色體一樣複製成兩個，並分別進入一個新的子細胞內。因此，目前僅知中心體的功能應該與細胞分裂有關，但其詳細機制則還在探討之中。

● 圖4-9　中心體是一種無膜的細胞器，由兩個相互垂直的中心粒和周圍的均勻胞質所構成。

(七) 微管與微絲 (microtubule and microfilaments)

微管與微絲是細胞中的小型細胞器，由蛋白質所構成，主要功能是形成細胞骨架以維持細胞的形態。由於微管和微絲具有可伸縮、滑動的特性，因此可以推動細胞質流動而引發所謂的「細胞質流」或「胞內運動」，其目的是要輔助細胞內的物質運輸與交換，加速代謝作用的進行。此外，真核細胞在有絲分裂或減數分裂過程中所出現的紡錘絲，也是由微管和微絲所形成的。

(八) 葉綠體 (chloroplast)

葉綠體是藻類和植物細胞中特有的細胞器，一般是橢圓形或球形，其內含有葉綠素a和葉綠素b兩種主要的光合色素，以及少量的葉黃素和葉紅素，是進行光合作用的主要場所，可將光能轉變成化學能而儲存在葡萄糖內（圖4-10）。

(九) 液泡 (vacuole)

液泡是細胞中一種單層膜的泡狀構造，主要存在植物細胞中，但原生動物的食泡和伸縮泡等也是液泡的一種。

基質　　　外膜　　　葉綠餅

○ 圖4-10　葉綠體是藻類和植物細胞中特有的細胞器，一般是扁平的橢圓形或球形，其內的葉綠餅中含有光合色素。

　　成熟的植物細胞中，液泡的體積約占整個細胞的90%，因此能對細胞壁產生膨壓，使植物體保持伸展的狀態。液泡內的液體成分是一種濃度較高的細胞液，含有醣類、蛋白質、無機鹽和花青素，花青素的功能在使葉片或花瓣因為酸鹼值的改變而呈現出不同的顏色。

4-3　重要的細胞作用

　　細胞器的功能，是各種細胞作用的基礎，而集合各種細胞作用所呈現的結果，就是生物體的生命現象，所以才說：「細胞既是構造單位也是功能單位」。而以下介紹的，就是細胞內幾種重要的細胞作用。

一、蛋白質的合成、儲存和分泌

　　蛋白質的合成、儲存和分泌是細胞的經常性功能。一般而言，細胞本身所需的蛋白質是由游離型核糖體所製造，但若是準備分泌到細胞外的蛋白質，則是由附著型核糖體來合成。

　　附著型核糖體所合成的蛋白質通常先暫存於粗糙型內質網裡面，之後以類似出芽的方式產生傳送囊泡，將蛋白質傳送給高爾基氏體。高爾基氏體接收蛋白質後重新包裝成分泌囊泡，再藉助細胞質流將分泌囊泡推送到細胞膜與之融合並破裂，最終使蛋白質分泌到細胞外。這一連串的過程，是由三個細胞器分工合作，以完成生物體中的蛋白質合成、儲存與分泌等功能（圖4-11）。

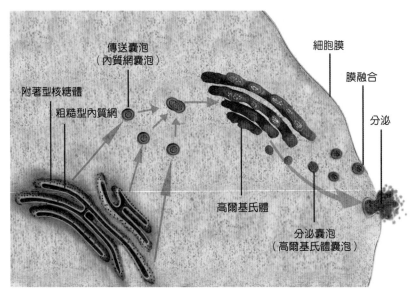

● 圖4-11　核糖體、內質網、高爾基氏體分工合作，共同完成生物體中蛋白質的合成、儲存與分泌的功能。

二、細胞的物質運輸

　　細胞為能完成各種代謝功能，將物質由一處輸送到另一處是隨時必須解決的問題，而歸納不同的物質運輸方式，可分為擴散、滲透、主動運輸、囊泡運輸等四大類，其中前兩者是一種常態的理化現象，不需要耗費能量，但後兩者則需要消耗能量才能達成物質運輸的目標。

(一) 擴　散 (diffusion)

　　擴散是物質分子從高濃度區域往低濃度區域移動的現象，例如細胞液內若某處的氧分子較多，另一處的氧分子較少，則氧分子會自行移動，直到兩個位置的濃度相等為止；或是細胞內的二氧化碳分子多於細胞外，那二氧化碳分子也可直接從細胞膜的組成分子間通過而離開，這都是一種簡單型擴散(simple diffusion)現象。但如果擴散過程中，物質分子必須穿過細胞膜的通道蛋白，那就稱為促進型擴散(facilitated diffusion)。例如葡萄糖分子進入細胞的過程就是以這樣的方式進行（圖4-12）。

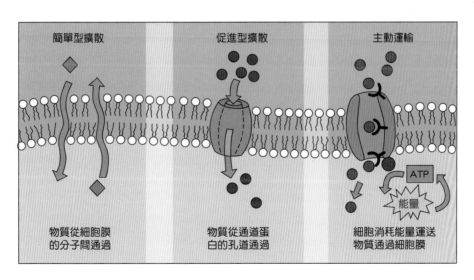

● 圖4-12　分子直接從細胞膜的組成分子之間通過是簡單型擴散；分子穿過細胞膜的通道蛋白稱為促進型擴散；而細胞消耗能量將物質從低濃度處往高濃度方向堆積的現象稱為主動運輸。

（二）滲 透（osmosis）

　　可以自由進出細胞膜的都是非極性分子，但只有水分子例外。就正常的理化反應而言，細胞膜是非極性的，極性的水分子應該不能自由進出，但實際上它卻可以暢行無阻。這個生物學上的謎題目前尚未找到答案，因此，針對水分子進出細胞膜的方式，特別給它一個專屬的名詞叫做「滲透」。

（三）主動運輸（active transport）

　　細胞將物質從低濃度處往高濃度方向堆積的現象稱為主動運輸，通常發生在細胞的儲存作用上，例如在蛋白質的製造過程中，粗糙型內質網必須累積高濃度的蛋白質分子，就是藉由主動運輸的方式來完成（圖4-12）。此外一些大分子物質或離子通過細胞膜上的蛋白質通道，也是主動運輸的一種。

（四）囊泡運輸（vesicular transport）

　　細胞以形成囊泡的方式運送物質稱為囊泡運輸。例如吞噬作用中將外界的物質內飲成食泡，或是以形成傳送囊泡、分泌囊泡等來完成蛋白質的運送與分泌功能，都是典型的囊泡運輸作用。

4-A · 水分子的滲透作用對細胞的影響

　　在沒有外力作用的情況下，分子從高濃度區域往低濃度區域移動而達到濃度均等，是一種自然且必然的現象。以此原理來觀察浸潤在體液中的生物細胞，由於細胞液與體液都是以水為溶劑，而水分子又可以自由進出細胞膜，因此若細胞液與體液的濃度不同時，就會造成水分子進出細胞膜的數量有所差異，而導致細胞脫水萎縮或吸水膨脹的現象。

　　在比較細胞液與體液的濃度時，如果兩者濃度一致，在學理上稱細胞處於「等張狀態」，而此時的體液對細胞而言就是一種「等張溶液」，例如在實驗環境下將紅血球置入生理食鹽水中就是這樣的狀況，由於紅血球內的細胞液與生理食鹽水的濃度相等，兩者的水分子濃度相同，因此水分子進出細胞膜的數量一樣，所以細胞就可以保持在正常的狀態。

　　不同的狀況是，如果把紅血球置入蒸餾水中，細胞液的濃度高於蒸餾水，因此細胞就處於「高張狀態」，蒸餾水對細胞而言則是一種「低張溶液」，而由於低張溶液的水分子較多，因此進入細胞的水分子會多於離開細胞的，於是紅血球就會出現吸水膨脹的現象。反之，若將紅血球置入高濃度的糖水中，則細胞就處於「低張狀態」，濃糖水則是一種「高張溶液」，此時由於細胞內的水分子多於細胞外，因此離開細胞的水分子會多於進入細胞的，結果細胞會出現脫水萎縮的現象（圖4-A1）。

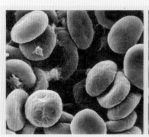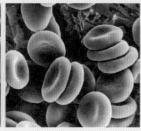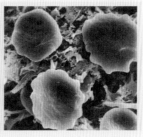

● 圖4-A1　紅血球在低張溶液中會出現吸水膨脹的現象（左）；反之，若將紅血球置入高張溶液中則會脫水萎縮（右），只有在等張溶液中才能維持正常（中）。

三、細胞運動

有些細胞為了完成某種特定的功能，必須改變本身局部或全部的位置，這種現象稱為細胞運動，而依其作用原理，可分為偽足運動、鞭毛運動和纖毛運動三大類。

(一) 偽足運動

「偽足」是指細胞因為細胞質流動而產生的胞體突出物，藉此可以達成移行或吞噬的目標，由於變形蟲是這種運動方式的典型運用者，所以偽足運動又稱為變形蟲運動。另外如脊椎動物體內的白血球、淋巴球等，也可以藉由偽足運動消滅入侵的細菌或病毒。

(二) 鞭毛運動

鞭毛是從細胞膜上長出的絲狀物，數量可能是一兩根甚至數百根，長度則約150微米，是細胞本體的好幾倍。常見具有鞭毛的細胞如大多數的精子細胞、原生動物的眼蟲，以及某些細菌等，作用方式是利用每秒數次甚至數十次的往復擺動，以對周圍液體所產生的反作用力來達到移動細胞的目的。

(三) 纖毛運動

鞭毛與纖毛在外觀上的差別是，鞭毛長度較長、纖毛較短；鞭毛數量較少、纖毛較多，但其內部構造都是由一對中央微管和九對微管雙體所構成（圖4-13）。而纖毛運動的功能除了改變細胞體的

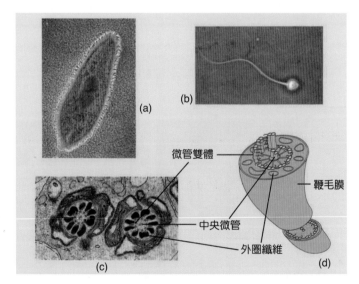

🔵 圖4-13　草履蟲藉纖毛在水中移行(a)，精子藉鞭毛的往復擺動而游動(b)，雖然外觀上鞭毛較長、纖毛較短；鞭毛較少、纖毛較多，但其內部構造都是由一對中央微管和九對微管雙體所構成(c)(d)。

位置外,也可能是要讓物質通過細胞的表面,前者如草履蟲藉纖毛運動在水中移行,而後者如人類輸卵管的內壁細胞藉由纖毛運動將卵子從卵巢輸送到子宮,以及支氣管內膜細胞的排痰功能等都是。

四、酶的作用

啟動化學反應所需的最低能量稱為「活化能」,而可以降低活化能的物質稱為「催化劑」,但在生化領域中,細胞內的各種催化劑則另有一個專用的名詞叫做「酶」(圖4-14)。

生物體內的酶(enzyme)種類繁多,以人體為例,目前發現的已經超過3,000種,最被熟知的如唾液澱粉酶、胃蛋白酶、胰脂肪酶等。這些酶的作用,就是要讓澱粉、蛋白質、脂肪等對象物質,可以在人體正常的溫度和酸鹼值範圍內完成分解的過程。

酶的作用原理上具有「專一性」和「重複性」。所謂專一性,是指一種酶只對一種反應有作用,例如澱粉酶只能作用在澱粉的分解上,對蛋白質和脂肪就不具功能;而重複性的意義是說,當一個酶分子完成其目標作用後,由於其本身性質並未發生任何改變,所以可再無限次數的重複參與同樣的反應,直到目標物質被完全分解或合成為止。不過,由於酶的成分是一種蛋白質,因此只要會影響蛋白質的因素就可能干擾或破壞酶的作用,例如溫度過高或過低、強酸和強鹼等都可能造成酶的催化效率降低,而重金屬離子、紫外線等甚至會摧毀酶的化學結構而使其完全喪失功能。

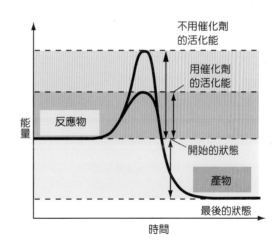

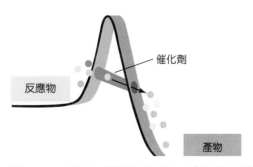

● 圖4-14 酶可以降低活化能,讓化學反應更容易進行,就如在山底下穿越隧道,可以省去爬坡的能量。

4-4　細胞的能量運用

　　除了極少數的微生物外，生物所需的能量，都直接或間接取自日光，因此，日光可說是所有生物最原始的能量來源。但這種物理性的能量必須藉由光合作用將它轉變成化學能儲存在葡萄糖分子裡面，當生物需要能量時，再藉由呼吸作用將葡萄糖的能量釋放出來轉存在ATP分子之中，而ATP分子分解所釋放出來的能量，才是維持細胞代謝和生存所需的最直接能量來源。

一、ATP分子在能量運用上的角色與功能

　　ATP的中文名稱叫腺嘌呤核苷三磷酸，其化學構造是由一個腺嘌呤分子、一個核糖分子和三個磷酸基共同組成，其中三個磷酸基間的兩個鍵因為非常活躍並飽含能量，所以稱為「高能磷酸鍵」。當ATP分子末端的一個高能磷酸鍵斷裂時，就會少了一個磷酸基變成ADP（腺嘌呤核苷二磷酸），而所釋放出來的能量，就是提供細胞維持代謝所需的能量，因此才說ATP是細胞最直接的能量來源（圖4-15）。

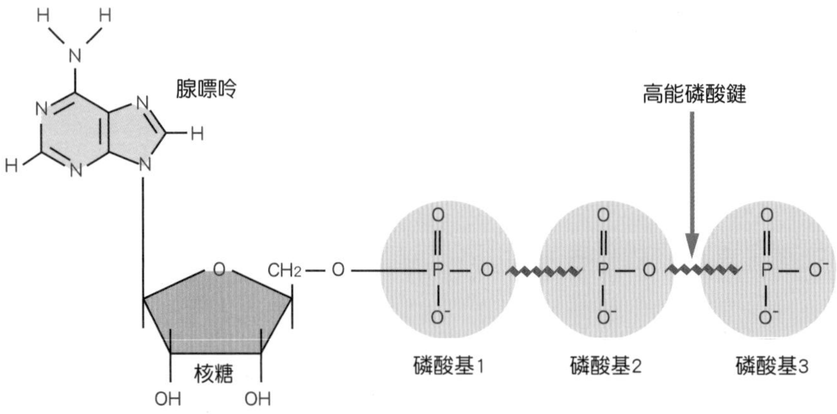

　　図4-15　ATP的化學構造是由一個腺嘌呤分子、一個核糖分子和三個磷酸基共同組成，磷酸基間的鍵稱為「高能磷酸鍵」，斷裂時所釋放出來的能量，就是提供細胞維持代謝所需的能量。

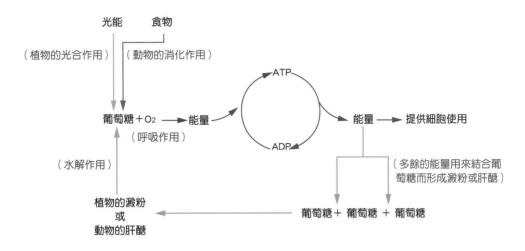

🌀 圖4-16 光能經由光合作用轉變成化學能而儲存在葡萄糖分子裡面；葡萄糖經呼吸作用將能量釋放到ATP分子中；ATP分解成ADP所釋出的能量，可提供細胞代謝所需，多餘的能量則可儲存於葡萄糖分子間的化學鍵，使之形成更穩定的澱粉或肝醣。

相反的，如果給ADP分子一個磷酸基，再給它形成高能磷酸鍵所需的能量，那兩者就可再結合成ATP，而這時所需的能量，即是來自葡萄糖在呼吸作用過程中所釋放出來的。因此細胞中的ATP和ADP的交替變換，其實是周而復始、循環不息的，當ATP分解成ADP時，是釋能反應，所釋出的能量提供給細胞使用；相反的，當ADP再結合成ATP時則是吸能反應，所需的能量來自呼吸作用分解葡萄糖而來（圖4-16）。

二、光合作用

具有光合色素的生物，如植物、藻類和部分微生物，可以利用光能將水和二氧化碳反應成葡萄糖，並產生水和氧氣，其總和反應是：

$6CO_2+12H_2O \rightarrow C_6H_{12}O_6+6O_2+6H_2O$

如果細究整個反應過程，其中牽涉甚多複雜的作用，但可將之粗略劃分為光反應和碳反應兩個階段。

(一) 光反應 (light reaction)

光反應發生在葉綠體的囊狀膜上，由於日光照射的關係，葉綠素被激發進而造成水分子光解而釋放出電子，電子在一連續的傳遞過程後，最終將能量暫時儲存於ATP和NADPH（菸鹼醯胺腺嘌呤二核苷酸磷酸）分子內。

(二) 碳反應 (carbon reaction)

由於光反應所產生的ATP和NADPH都是很不穩定的化學分子，並不利於長期儲存能量，因此，碳反應的過程就是要把ATP和NADPH再分解，用其能量來結合二氧化碳和水而形成葡萄糖，其目的就是要把能量轉存到穩定的葡萄糖分子之中。

碳反應在葉綠體的基質中進行，由於不需要日光照射，所以過去將它稱為暗反應，但因為它是光反應的後續作用，並不能獨立存在，為了避免誤解，現在國際上已將暗反應改名為碳反應（圖4-17）。

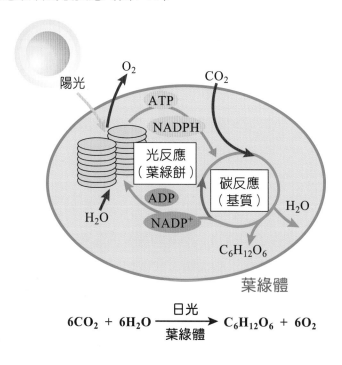

$$6CO_2 + 6H_2O \xrightarrow[\text{葉綠體}]{\text{日光}} C_6H_{12}O_6 + 6O_2$$

● 圖4-17　光合作用分為光反應和碳反應兩個階段，光反應將光能暫時儲存於ATP和NADPH分子內，碳反應則是把ATP和NADPH再分解，用其能量來結合二氧化碳和水而形成葡萄糖。

三、呼吸作用 (respiration)

具有光合色素的生物可藉由光合作用獲得葡萄糖，但沒有光合色素的生物則必須經由消化作用或其他方式，從別的生物取得葡萄糖或含有能量的物質。但不論是哪一種生物，當細胞需要能量時，都必須將葡萄糖經由一系列的氧化過程，使其能量釋放出來並轉存到ATP分子裡面，而ATP分子分解所產生的能量，才是生命活動最直接的能量來源。

氧化葡萄糖釋放能量到ATP分子的反應，就是生物化學上所稱的「呼吸作用」，整個過程可分為糖解作用、克氏循環和電子傳遞鏈反應三大階段。在能量轉換率較高的細胞中，例如肝臟、腎臟和心臟細胞，一分子葡萄糖完全氧化後所釋放的能量，通常可以轉存到38個 ATP分子裡面，但在其他細胞中，由於中間產物的差異可能只轉存為36個ATP，甚至更少一些。

(一) 糖解作用 (glycolysis)

糖解作用是葡萄糖的初步分解階段，在細胞質中進行，也還不需要氧分子參與。在這個階段中， 1分子葡萄糖分解成2分子的丙酮酸和2分子的NADH（菸鹼醯胺腺嘌呤二核苷酸（還原型）），並可釋放出一部分能量，使4個ADP結合成4個ATP，但因為本階段反應會消耗2個ATP分解的能量，所以淨得2個ATP。

(二) 克氏循環 (the Krebs cycle)

本階段開始在粒線體中進行，並且需要有氧分子參與。主要變化是2分子的丙酮酸轉化成2分子的乙醯輔酶A，繼而分解成8分子的NADH和2分子的$FADH_2$（核黃素腺嘌呤核苷酸（還原型）），並可釋出能量形成2分子的ATP。

(三) 電子傳遞鏈反應 (the respiratory electron transport chain)

這一階段的反應，主要是將糖解作用與克氏循環中所餘的10個NADH和2個$FADH_2$氧化而釋出能量。其中NADH所釋出的能量足夠產生30個ATP，而$FADH_2$則可產生4個ATP。如果再與糖解作用和克氏循環各得的2個ATP加總起來，1分子葡萄糖經呼吸作用完全分解後，共可淨得38個ATP（圖4-18）。

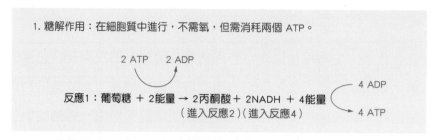

1. 糖解作用：在細胞質中進行，不需氧，但需消耗兩個 ATP。

2 ATP　2 ADP

4 ADP

反應1：葡萄糖 ＋ 2能量 → 2丙酮酸 ＋ 2NADH ＋ 4能量
　　　　　　　　　　（進入反應2）（進入反應4）

4 ATP

2. 克氏循環：在粒線體中進行，需要氧參與。

反應2：2丙酮酸 → 2乙醯輔酶A ＋ 2NADH ＋ 2CO₂
　　　　　　　（進入反應3）　（進入反應4）

2 ADP

反應3：2乙醯輔酶A → 4CO₂ ＋ 6NADH ＋ 2FADH₂ ＋ 2能量
　　　　　　　　（進入反應4）（進入反應5）

2 ATP

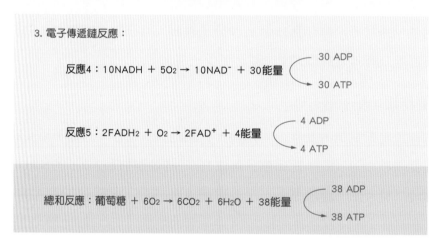

3. 電子傳遞鏈反應：

30 ADP

反應4：10NADH ＋ 5O₂ → 10NAD⁻ ＋ 30能量

30 ATP

4 ADP

反應5：2FADH₂ ＋ O₂ → 2FAD⁺ ＋ 4能量

4 ATP

38 ADP

總和反應：葡萄糖 ＋ 6O₂ → 6CO₂ ＋ 6H₂O ＋ 38能量

38 ATP

● 圖4-18　呼吸作用的能量釋放流程示意圖：呼吸作用分為糖解作用、克氏循環和電子傳遞鏈反應三大階段，各階段所釋出的能量，分別可轉存成2個、2個、34個ATP，故總共可得38個ATP。

四、無氧呼吸

　　無氧呼吸又稱為發酵作用(fermentation)，是細胞在缺氧情況下，但又不得不取得能量的緊急應變措施。以人體的肌肉細胞為例，在正常情況下，細胞收縮時所消耗的ATP可經由葡萄糖的氧化（呼吸作用）獲得補充，但在劇烈運動時，由於循環系統無法送來足夠的氧氣，導致葡萄糖的分解只能進行到不需氧氣參與的糖解作用，其後的克氏循環和電子傳遞鏈反應則因缺氧而無法進行。結果是，細

胞分解一分子葡萄糖只能補充兩個ATP，並且會產生無用的乙醇或乳酸，這就是所謂的無氧呼吸。

由於動物細胞在無氧呼吸過程中，葡萄糖經糖解作用所產生的丙酮酸因缺氧無法繼續分解，之後會轉變成乳酸堆積在細胞中，所以動物細胞的無氧呼吸又稱為「乳酸發酵」。乳酸堆積會造成肌肉酸痛的現象，必須慢慢消耗氧氣將之分解排除，但是乳酸氧化並不會產生能量，所以無氧呼吸是一種很不經濟的能量取得方式。

植物也有無氧呼吸的現象，其作用原理與動物相同，但差別是，丙酮酸在動物細胞中轉變成乳酸堆積，而在植物細胞中則轉變成乙醇，因此植物的無氧呼吸又稱為「酒精發酵」。

4-5 細胞分裂

「細胞來自於細胞」是細胞學說中的基本理論，而細胞分裂則是支持這項理論的具體事實。就單細胞生物而言，細胞分裂就是個體數量的增加；但對多細胞生物來說，細胞分裂不僅是細胞的增殖，也是個體生長、發育和繁殖的基礎。

一、細胞分裂的類型

在不同物種，或不同型態的細胞所發生的分裂方式可能略有不同，若予以歸納整理，可分為原核細胞分裂與真核細胞分裂兩大類型，而真核細胞分裂又可區分為「有絲分裂」、「減數分裂」和「無絲分裂」三種方式。

(一) 原核細胞的分裂

由於原核細胞沒有具體的細胞核，所以在分裂過程上明顯與真核細胞不同。以細菌為例，分裂從環狀染色體複製開始，之後兩個環狀染色體會移向細胞的兩端，而中間的細胞膜則向內生長形成隔膜，最終斷裂為兩個子細胞。

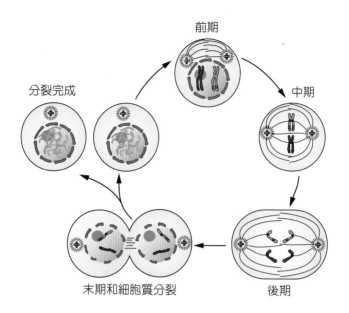

● 圖4-19　有絲分裂染色體複製一次、細胞分裂一次，出現兩個子細胞，且子細胞的染色體都兩兩成對（雙套細胞），數量也與母細胞完全相同。

(二) 有絲分裂 (mitosis)

　　有絲分裂發生在真核生物的大多數體細胞增殖上。過程中包含染色體複製和一次細胞分裂，所以只會出現兩個子細胞，且子細胞的染色體都兩兩成對（雙套細胞），數量也與母細胞完全相同（圖4-19）。

(三) 減數分裂 (meiosis)

　　減數分裂主要發生在真核生物製造精卵細胞的作用上。整個過程從染色體複製開始，隨後發生兩次細胞分裂，因此最終結果會出現四個子細胞，但子細胞中的染色體都不成對（單套細胞），所以染色體數量只有母細胞的二分之一（圖4-20）。

(四) 無絲分裂 (amitosis)

　　無絲分裂發生在真核生物高度分化的細胞上，如動物的上皮組織、肌肉組織、肝組織，或是植物的表皮和胚乳細胞中。無絲分裂過程中，核膜與核仁不會

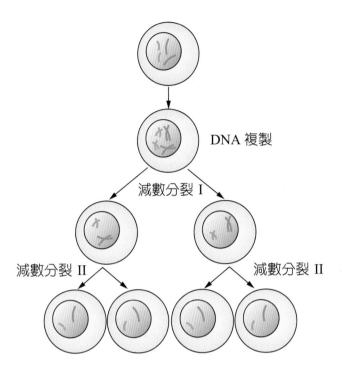

DNA 複製

減數分裂 I

減數分裂 II　　　　減數分裂 II

● 圖4-20　減數分裂過程中染色體複製後，發生兩次細胞分裂，最終出現四個子細胞，但子細胞中的染色體都不成對（單套細胞），所以染色體數量只有母細胞的二分之一。

消失，也沒有紡錘絲出現，細胞核以「一分為二」的方式直接分裂，隨後再發生細胞質分裂就完成整個過程。

二、細胞週期 (cell cycle)

細胞週期是針對有絲分裂周而復始的增殖過程所歸納出來的概念，從一個新細胞出現開始，到這個細胞成熟並完成分裂為止視為一次細胞週期。細胞週期其實是一個連續的過程，但為了方便學理上的觀察和解說，所以將每次細胞週期分成「間期」和「分裂期」兩個階段，而間期又細分為G_1期、S期、G_2期；分裂期又細分為前期、中期、後期和末期（圖4-21）。

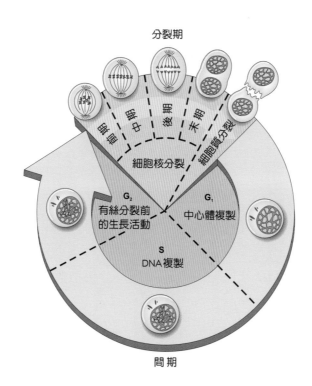

● 圖4-21　每次細胞週期分成「間期」和「分裂期」兩個階段，而間期又細分為G_1期、S期、G_2期；分裂期又細分為前期、中期、後期和末期。

(一) 間 期

　　間期可視為細胞分裂前的準備階段，約佔整個細胞週期90%的時間，主要變化如下：

1. G_1期：細胞剛分裂完成，細胞質和細胞器逐漸增加，細胞體積明顯變大。

2. S期：細胞核內的染色體完成複製。

3. G_2期：中心粒完成複製並分裂為兩個中心體。

(二) 分裂期

　　分裂期從染色質聚集成染色體開始，繼而發生細胞核分裂和細胞質分裂，主要變化如下：

1. 前期：核仁、核膜消失，染色質聚集成染色體，且兩個染色分體間以著絲點相連結。紡錘絲同時形成，一端連接著中心體，另一端則接在染色體的著絲點上，且中心體會漸漸移行到細胞的兩端。

2. 中期：中心體位於細胞的兩端，染色體並列在細胞中央的橫斷面（赤道板）上。

3. 後期：由於紡錘絲的牽引，使得著絲點斷裂，染色分體相互分離並向兩端移動，隨後中間部位的細胞膜開始內凹，使細胞的外觀變成啞鈴狀。

4. 末期：染色體逐漸鬆解成染色質，核膜恢復，故兩端各有一個完整的細胞核。細胞質方面，動物細胞的細胞膜內凹持續加深，最終斷裂為兩個獨立的細胞，但植物細胞則會出現細胞板，將原來的細胞分隔為兩個細胞（圖4-22），整個分裂過程到此結束。

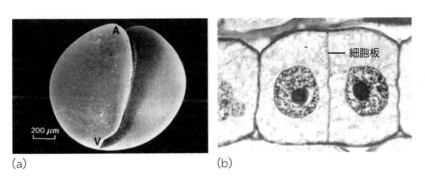

(a) (b)

🌑 圖4-22 有絲分裂末期，動物細胞(a)的細胞膜內凹加深而斷裂為兩個獨立的細胞；植物細胞(b)則會出現細胞板，將原來的細胞分隔為兩個細胞。

4-B · 單套細胞與雙套細胞

所謂「單套」或「雙套」，是指細胞核中的染色體組合狀態。一般生物的體細胞中，細胞核內的染色體都是兩兩成對的，這樣的組合稱為「雙套細胞」學理上以2n來表示，但在精卵細胞中，染色體卻都不成對，這就叫「單套細胞」，學理上以n表示之（圖4-20）。

以人為例，人類的體細胞有46條染色體，但卻有兩兩成對的關係，所以整個看起來，細胞核中的所有染色體可分成兩套，就是所謂的雙套細胞(2n)。但在減數分裂過程中，染色體會先行複製，讓細胞變成具有兩倍的雙套染色體，這時候稱為「複製的雙套細胞(2×2n)」，而當第一次分裂後，每一對染色體會被拆開且各自分配到不同的子細胞內，所以這兩個子細胞都只得到一套染色體，不過這一套的每條染色體卻都含有兩條以著絲點相連結的染色分體，所以叫做「複製的單套細胞(2×n)」。

第一次分裂所產生的子細胞(2×n)會再發生第二次分裂，這次分裂時著絲點會分開，讓兩條染色分體各自到一個子細胞裡面，所以每個子細胞只得到一套染色體，形成真正的單套細胞(n)，也就是精子或卵子，而當精卵結合時，各自的一套染色體又兩兩成對組合起來，所以受精卵又恢復成雙套細胞(2n)。

Chapter at a Glance Outline 本｜章｜綱｜要

1. 「細胞學說」的主要觀點歸納如下：

   (1) 細胞來自於細胞，即所有細胞都是由原本存在的活細胞分裂而來。

   (2) 細胞是生物的構造單位也是功能單位。

   (3) 所有生物都是由單一細胞發育而成。

   (4) 各種細胞是基本構造相似的有機體。

2. 現存的生物細胞可分為「原核細胞」與「真核細胞」兩大類。由原核細胞構成的生物，在生物分類學上都歸屬在原核生物界，代表生物是細菌和藍綠菌，而其他四界的生物則都是由真核細胞所構成的。

3. 細胞膜、細胞核、細胞質合稱為真核細胞的三大構造。

   (1) 細胞膜：是一種由醣類、蛋白質及磷脂質所組成的漿膜，功能是維持細胞形狀並控制物質的進出。

   (2) 細胞核：染色質是細胞核內最重要的部分，由DNA和蛋白質所組成，是儲存生物基因的地方。

   (3) 細胞質：泛指細胞膜內除細胞核以外的一切物質，由細胞液與細胞器所組成。

4. 細胞器是細胞質中的微小構造，其名稱及主要功能如下：

   (1) 內質網：內質網是一種封閉型的膜狀系統，依其形態可分為粗糙型內質網(RER)和平滑型內質網(SER)，主要功能是暫存核糖體所製造的蛋白質並轉運到細胞的其他地方。

   (2) 核糖體：是一種由蛋白質和RNA組成的微小顆粒，主要的功能是合成蛋白質。

   (3) 高爾基氏體：由3～7個扁平狀膜囊相互黏合而成，主要功能在完成細胞的分泌作用。

   (4) 粒線體：粒線體由兩層膜包圍而成，有豐富的呼吸酶，是細胞氧化葡萄糖

產生能量的主要場所，所以有「細胞的發電廠」之稱。

(5) 溶小體：一種單膜囊泡，內含多種分解酶，主要的功能表現在「胞內消化」和「自我分解」這兩種作用上。

(6) 中心體：由兩個相互垂直的中心粒和周圍的均勻胞質所構成，功能與細胞分裂有關。

(7) 微管與微絲：細胞中的小型細胞器，由蛋白質所構成，主要功能是形成細胞骨架以維持細胞的形態。

(8) 葉綠體：藻類和植物細胞中特有的細胞器，是進行光合作用的主要場所。

(9) 液泡：主要存在植物細胞中，功能在產生膨壓，使植物體保持伸展的狀態，但原生動物的食泡和伸縮泡等也是液泡的一種。

5. 細胞的物質運輸方式，可分為擴散、滲透、主動運輸、囊泡運輸等四大類：

(1) 擴散：物質分子從高濃度區域往低濃度區域移動的現象。

(2) 滲透：水分子可以自由進出細胞膜的現象。

(3) 主動運輸：細胞耗費能量將物質從低濃度處往高濃度方向堆積的現象。

(4) 囊泡運輸：以形成囊泡的方式來完成物質的運送與分泌。

6. 細胞運動依其作用原理，可分為偽足運動、鞭毛運動和纖毛運動三大類：

(1) 偽足運動：以形成偽足達成移行或吞噬的運動方式，又稱為變形蟲運動。

(2) 鞭毛運動：利用鞭毛的往復擺動，以對周圍液體所產生的反作用力來達到移行的目的。

(3) 纖毛運動：利用纖毛規律性的擺動改變細胞體的位置，也可讓物質通過細胞的表面。

7. 啟動化學反應所需的最低能量稱為「活化能」，可以降低活化能的物質稱為「催化劑」，細胞內的催化劑叫做「酶」。

8. 有關細胞的能量運用，基本的重要概念歸納如下：

(1) 日光是生物最原始的能量來源。

(2) 光合作用的目的，是將日光的能量儲存在葡萄糖裡面。

(3) 呼吸作用的目的，是要釋放葡萄糖的能量轉存到ATP分子裡面。

(4) ATP的中文名稱叫腺嘌呤核苷三磷酸，分解所釋放的能量，是生物最直接

的能量來源。

(5) 呼吸作用分為糖解作用、克氏循環及電子傳遞鏈反應等三階段。

(6) 在能量轉換率較高的細胞中，一分子葡萄糖完全氧化後所釋放的能量，可以轉存到38個 ATP分子裡面。

9. 無氧呼吸又稱為發酵作用，是細胞在缺氧情況下，但又不得不取得能量的緊急應變措施。分為兩種：

(1) 乳酸發酵：動物細胞的無氧呼吸，會產生乳酸堆積在細胞中。

(2) 酒精發酵：植物細胞的無氧呼吸，會產生乙醇堆積在細胞中。

10. 細胞分裂是細胞的增殖，也是個體生長、發育和繁殖的基礎。可分為原核細胞分裂與真核細胞分裂兩大類型，而真核細胞分裂又可區分為「有絲分裂」、「減數分裂」和「無絲分裂」三種方式。

(1) 原核細胞的分裂：環狀染色體複製後移向細胞的兩端，中間的細胞膜則向內生長形成隔膜，最終斷裂為兩個子細胞。

(2) 有絲分裂：發生在真核生物大多數的體細胞增殖上。染色體複製一次、細胞分裂一次，出現兩個子細胞，且子細胞的染色體與母細胞完全相同。

(3) 減數分裂：發生在真核生物製造精卵細胞的作用上。染色體複製一次、細胞分裂兩次，最終出現四個子細胞，但子細胞中的染色體只有母細胞的二分之一。

(4) 無絲分裂：發生在真核生物的高度分化細胞上，沒有紡錘絲出現，細胞核是以一分為二的方式直接分裂，隨後再發生細胞質分裂後就完成整個分裂過程。

11. 從一個新細胞出現開始，到這個細胞成熟並完成分裂為止視為一次細胞週期，分成「間期」和「分裂期」兩個階段，而間期又分為G_1期、S期、G_2期；分裂期又細分為前期、中期、後期和末期。

Review Activities

學｜習｜評｜量

1. 細胞學說的觀點認為：細胞來自於＿＿＿＿＿。細胞是生物的＿＿＿＿＿單位也是
　　＿＿＿＿單位。

2. 生物細胞可分為「＿＿＿＿＿細胞」與「＿＿＿＿＿細胞」兩大類。

3. ＿＿＿＿＿細胞有發達的內膜構造，各種重要的物質都由內膜將它包覆成獨立的
　　顆粒；而＿＿＿＿＿細胞各種酵素都直接分布在細胞質內，所以在顯微鏡下看不
　　到細胞核的存在。

4. ＿＿＿＿＿＿、＿＿＿＿＿＿、細胞質合稱為真核細胞的三大構造。其中細胞
　　質涵蓋了＿＿＿＿＿＿與＿＿＿＿＿＿。

5. 細胞膜是一種由＿＿＿＿＿＿、＿＿＿＿＿＿及＿＿＿＿＿＿所組成的漿
　　膜，基本的功能是維持細胞形狀。

6. 細胞膜主體是由＿＿＿＿＿＿鑲嵌著一些轉運蛋白分子而構成，轉運蛋白主
　　要分為＿＿＿＿＿蛋白和＿＿＿＿＿蛋白兩大類。

7. 內質網是一種封閉型的膜狀系統，依其形態可分為＿＿＿＿＿型和＿＿＿＿＿型
　　兩類。

8. 高爾基氏體的主要功能在完成細胞的＿＿＿＿＿＿作用，所以在＿＿＿＿＿＿細
　　胞中特別發達。

9. 溶小體內含多種＿＿＿＿＿＿酶，主要的功能表現在＿＿＿＿＿＿和
　　＿＿＿＿＿＿這兩種作用上。

10. 蛋白質的合成、儲存和分泌的過程中，蛋白質經過下列細胞構造的出現正確順序為何？

a. 傳送囊泡　b. 粗糙型內質網　c.高爾基氏體　d.分泌囊泡

　　Ans：_____ → _____ → _____ → _____。

11. 物質直接從細胞膜的組成分子間通過而離開，這是一種_____型擴散現象；但如果擴散過程中，物質分子必須穿過細胞膜的_____，那就稱為_____型擴散。

12. 若將紅血球置入高濃度的糖水中，則細胞就處於_____狀態，濃糖水則是一種_____溶液，結果細胞會出現_____的現象。

13. 細胞運動依其作用原理，可分為_____運動、_____運動和_____運動三大類。

14. ATP的中文名稱叫_____，其化學構造是由一個_____分子、一個_____分子和三個磷酸基共同組合而成，其中三個磷酸基間的兩個鍵稱為_____。

15. 光反應發生在葉綠體的_____上，可將能量暫時儲存於_____和_____分子裡面。

16. 呼吸作用的過程可分為_____、_____和_____三大階段。通常一分子葡萄糖完全氧化後所釋放的能量，可以轉存到_____個 ATP分子裡面。

17. 動物細胞在無氧呼吸過程中，葡萄糖經糖解作用所產生的_____因缺氧無法繼續分解，之後會轉變成_____堆積在細胞中。

18. 真核細胞的分裂各有不同，其中製造精卵細胞的分裂方法稱為＿＿＿＿＿＿分裂；一般體細胞增殖的分裂方法稱為＿＿＿＿＿分裂；而高度分化的動物上皮組織、肌肉組織、肝組織的分裂方法稱為＿＿＿＿＿分裂。

19. 細胞週期分成「間期」和「分裂期」兩個階段，而間期又分為＿＿＿＿期、＿＿＿＿期、＿＿＿期；分裂期又細分為＿＿＿期、＿＿＿期、＿＿＿期和＿＿＿期。

20. 細胞週期中，著絲點斷裂發生在＿＿＿＿期；核膜恢復發生在＿＿＿＿期。

🔍 解答 QR Code

CHAPTER **5**

植物的形態與生理

BIOLOGY

一般認為植物起源於二十五億年前（前寒武紀、元古代）出現的藻類，直到距今四億三千萬年（志留紀）左右，陸地上才開始出現原始的植物－蕨類。而演化至今，就分類學來看，植物可分為無維管束植物、孢子維管束植物、裸子維管束植物、被子維管束植物四大類群。（參閱3-8植物界）

5-1　植物的特徵

儘管植物的形態和種類千變萬化，但若深入分析其生理特性，可歸納出所有植物都具有下列四項共同的特徵。

一、多細胞的構造

過去分類學上將藻類納入原生生物界的藻類亞界（參閱延伸學習3-B：生物分類系統的演變），那麼單細胞的裸藻、甲藻、綠藻及所有藻類就不被視為植物，所以在分類系統中，所有植物都屬於多細胞的生物。但現今分類系統中將綠藻門、紅藻門及輪藻門納入植物界，因此所有植物都是多細胞生物的說法就必須修正為「除了部分藻類外，所有植物都是多細胞生物」。

二、有光合色素

植物的光合色素主要是葉綠素a、葉綠素b、葉黃素和胡蘿蔔素，其功能是可以進行光合作用，將水和二氧化碳反應成葡萄糖而獲取能量。雖然在生物分類學上部分不屬於植物界的藻類、真菌和部分原生動物也有光合色素，但它們的細胞壁構造卻與植物不同。

三、有纖維質的細胞壁

所有植物的細胞都有細胞壁，而且都是由纖維質所構成。其他不是植物但也有細胞壁的生物還有細菌、藻類和真菌，但細菌的細胞壁成分是肽聚糖；藻類的細胞壁成分是幾丁質（綠藻、紅藻和輪藻的細胞壁成分為纖維素）；真菌的則是幾丁質和纖維質，因此這三者的細胞壁在基本構造上是有所差異的。

四、有世代交替 (alternation of generations) 的現象

植物的生活史中有「孢子體期」和「配子體期」輪流出現的現象，在植物學上稱為「世代交替」，是植物生活史中的重要特徵。簡單來說，產生孢子的時期即是「孢子體期」，產生配子的時期就是「配子體期」。

以蕨類為例，一般所看到的蕨類植株，其細胞核中具有雙套染色體(2n)，當它成熟時就能經由減數分裂產生只有單套染色體(n)的孢子，因此蕨類植株在其生活史中稱為「孢子體」，而這個階段就是所謂的「孢子體期」。

孢子逸出後在適當的環境中會萌芽發育成原葉體(prothallus)，原葉體的細胞核仍然保持單套染色體(n)的狀態，之後才發展出藏精器和藏卵器，並且不需經過減數分裂就可各自製造精子和卵子，所以原葉體就是蕨類生活史中的「配子體」，精卵細胞則是配子，而這個階段就叫做「配子體期」。精子在有水的條件下，會游向卵子受精而形成合子，合子因為融合了精卵細胞的染色體，故又變成雙套染色體細胞(2n)，發育起來後又是一個新的孢子體植株（圖5-1）。

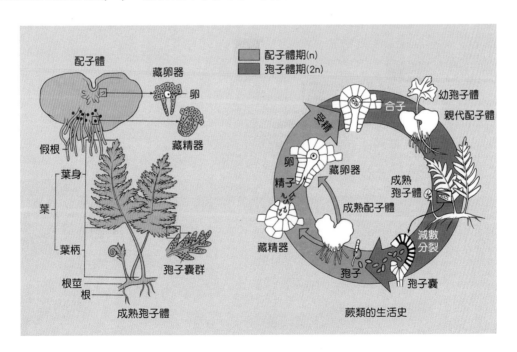

● 圖5-1　蕨類的世代交替過程中，一般所看到的蕨類植株在其生活史中稱為「孢子體」，其細胞核中具有雙套染色體(2n)，當它成熟時就能經由減數分裂產生只有單套染色體(n)的孢子，孢子逸出後在適當的環境中會萌芽發育成原葉體，是蕨類生活史中的「配子體」。

5-A · 世代交替的演化趨勢

　　植物的世代交替型態與演化有關，從蘚苔植物、孢子植物、裸子植物到被子植物，一路演化下來，有孢子體越來越高大，而配子體卻越來越微小的消長現象。

　　無維管束植物中的苔類，當配子體的卵受精後，孢子體會從藏卵器中長出來，雖然剛開始孢子體可以進行光合作用，但接近成熟時卻必須仰賴配子體提供營養，所以是一種孢子體依附在配子體上的形態。到了蕨類，孢子體與配子體有明顯的區隔，兩者可以獨立生存，但是孢子體開始明顯大於配子體。再演化到裸子植物和被子植物，它們的孢子體都變得非常高大而明顯，但配子體卻消退到極為微小的狀態，裸子植物的配子體只剩下花粉粒和種子內的卵，而被子植也只有花粉粒和子房中的胚囊，且配子體必須完全依賴孢子體提供養分，所以是一種配子體依附在孢子體上的形態（圖5-A1）。

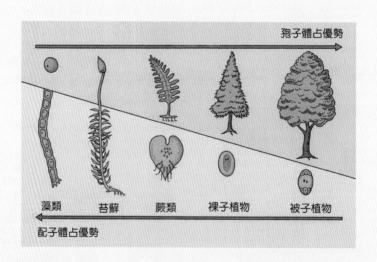

　　● 圖5-A1　世代交替的演化趨勢是：越進化的植物孢子體越佔優勢，越原始的植物配子體越佔優勢。

5-2　植物的組織與器官

　　生理學上將形狀、功能類似的細胞集合稱為組織，結合不同的組織才能形成器官。以這樣的層級觀念來觀察植物時，其所有細胞可歸納為四大類型，分別是表皮組織、基本組織、輸導組織與分生組織。

　　表皮組織形成植物的最外層，具有保護、蒸散和交換氣體的功能。基本組織形成植物體的主要構造，具有進行光合作用、儲存養分和支持植物體的功能。輸導組織則是植物體內的運輸系統，主要是維管束，包括韌皮部(phloem)和木質部(xylem)，韌皮部有篩管和伴細胞，負責運輸養分和有機物，木質部則有導管和管胞（或稱為假導管），負責水分的運輸。至於分生組織則負責植物體的成長，又分為頂端分生組織和側面分生組織，前者如根尖和芽點，可讓植物長高或延長，後者則是形成層，可讓植物的根莖變粗和變壯（圖5-2）。

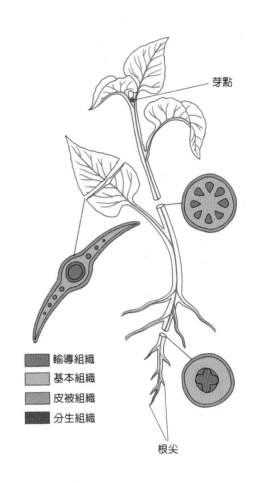

● 圖5-2　植物的所有細胞可歸納為四大類型，分別是皮被組織、基本組織、輸導組織與分生組織。

　　由各組織所形成的器官可分為營養器官和生殖器官兩大類，營養器官包括根、莖、葉，生殖器官則是花、果實和種子，但為了適應不同的生存條件，這些器官都出現了多樣化的演變。

5-3　植物的營養、支持與運輸

　　根、莖、葉是植物的三大營養器官，雖然形態上可能千變萬化，但最主要的任務在完成植物體的營養、支持與運輸等三項功能。

一、根的構造與功能

　　根的主要功能是固著和吸收，四大類植物中，蘚苔植物沒有真正的根莖葉分化，只用假根來完成吸收與固著的功能，而蕨類的莖也經常埋入土壤中而形成所謂的「根莖」，因此只有裸子植物和被子植物的根具有最完整的分化功能。不過，在整個根系的組成上，網狀脈雙子葉植物是屬於軸根系，有主根和支根之分，但平行脈單子葉植物則是鬚根系，每一條根的大小粗細都相當接近（圖5-3）。

　　根的外觀包括根冠、先端分生區、延長區、成熟區和根毛(root hair)。根冠具有保護根尖的功能，先端分生區只有幾公分，是細胞分裂旺盛的地方，可讓根的細胞持續增加；其後是延長區，這裡的細胞正在快速成長，透過細胞長大的方式，可讓根的長度向前伸展；在延長區後方的都是成熟區，成熟區的部分表皮細

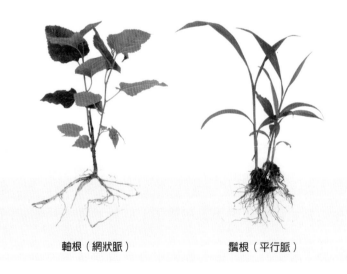

軸根（網狀脈）　　　　　鬚根（平行脈）

　●　圖5-3　網狀脈植物是軸根系，有主根和支根之分，但平行脈植物則是鬚根系，每一條根的大小粗細都相當接近。

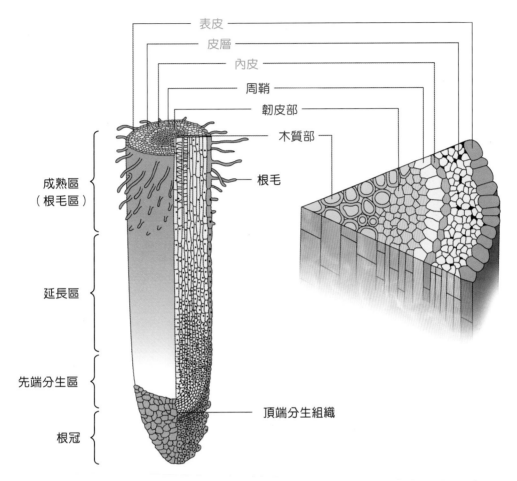

表皮

皮層

內皮

周鞘

韌皮部

木質部

成熟區
（根毛區）

根毛

延長區

先端分生區

頂端分生組織

根冠

● 　圖5-4　根的外觀包括根冠、先端分生區、延長區、成熟區和根毛。

胞會向外延伸成根毛，可擴大與土壤的接觸面積，是植物吸收水分與養分最重要的地方（圖5-4）。

　　雖然根的典型功能是固著和吸收，但某些植物的根還具有其他特別的功能，而且形態也發生改變，這在植物學上成為變態根（圖5-5），常見的可分為五類。

（一）攀緣根

　　某些植物的莖呈現柔軟細長的狀態，所以必須依附別的物體才能向上生長，因此莖的表皮上會長出不定根以攀附在其他植物或牆面上，這種形態的根稱為攀緣根，如黃金葛和爬牆虎即是。

(二) 氣生根

氣生根直接暴露在空氣中,可以吸收大氣中因濕度變化所產的露水,最常見的如榕樹和蝴蝶蘭。

(三) 支持根

某些植物為了增強固著功能,會在莖的基部接近土壤的位置長出一些不定根以發揮支持的功能,例如玉米和大王椰子就是。另外像榕樹的氣生根如果向下生長到地面,也可轉變成粗壯的支持根。

(四) 貯藏根

有些植物的根會特化成儲存大量養分的地方,例如番薯、蘿蔔、胡蘿蔔、甜菜、山藥等。

(五) 水生根

例如浮萍、大萍、布袋蓮等這類水生植物,它們的根垂懸在水中,只有吸收功能卻沒有固著作用,這樣的根稱為水生根。

(a)　　　　(b)　　　　(c)

(d)　　　　(e)

🔵 圖5-5　植物常見的變態根有(a)攀緣根、(b)氣生根、(c)支持根、(d)貯藏根、(e)水生根。

二、莖的構造與功能

莖的主要功能是支持和運輸，外觀上通常可以明顯的看到芽、節和葉子等構造。芽分為頂芽和腋芽，可以讓植物向上生長和向外分枝；而分枝處或長葉子的位置，因為是維管束交錯的地方，所以會形成較膨大的節（圖5-6）。

莖內最主要的構造是維管束，維管束內有導管、管胞和篩管，是植物體內重要的運輸系統，同時也有支持的功能。維管束的排列方式在單子葉植物和雙子葉植物間有所不同，單子葉植物的維管束散生在莖內，但雙子葉植物則是在接近樹皮的地方形成環狀排列（圖5-7），

● 圖5-6　莖的外觀有頂芽、腋芽、節和葉子等構造。

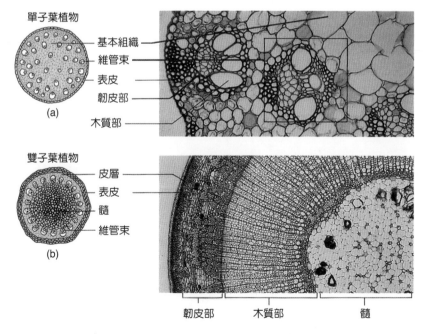

● 圖5-7　維管束的排列方式在單子葉植物和雙子葉植物間有所不同，單子葉植物的維管束散生在莖內(a)，但雙子葉植物則是在接近樹皮的地方形成環狀排列(b)。

而且具有形成層，可讓莖的細胞持續增加，但由於一年當中的氣候變化，使得新生細胞的大小和顏色有所差異，於是在莖的橫斷面上會有年輪出現（圖5-8）。

　　某些植物的莖為了適應生存環境，在外觀上出現明顯的改變，植物學上稱為變態莖，常見的有七類（圖5-9）。

● 圖5-8　木質莖的成長過程中，由於一年當中的氣候變化，使得新生細胞的大小和顏色有所差異，所以在莖的橫斷面上會有年輪出現。

● 圖5-9　常見的變態莖有：(a)匍匐莖、(b)纏繞莖、(c)葉狀莖、(d)根莖、(e)塊莖、(f)鱗莖、(g)球莖。

（一）匍匐莖

匍匐莖無法向上生長，通常橫臥在地面上，如番薯和草莓。

（二）纏繞莖

纏繞莖柔軟而細長，當它和物體接觸時，由於接觸面和非接觸面的生長速度不均等，所以會出現迴旋纏繞的現象，像牽牛花就是一例。

（三）葉狀莖

有些莖會變形成扁平狀，並具有豐富的葉綠素，可以取代葉子的功能，所以稱為葉狀莖，例如曇花就是。

（四）根 莖

根莖是一種地下莖，具有貯存和繁殖的功能，常見的如薑和竹子。

（五）塊 莖

塊莖也有貯存和繁殖的功能，但它的芽點不在兩端，而是分布在表皮上，最常見的就是馬鈴薯。

（六）鱗 莖

鱗莖通常呈球狀，真正的莖是底部的圓錐狀構造，其上有頂芽，側面則長出好幾層鱗片狀的葉子，將整個莖包圍在裡面。鱗狀葉肥厚而充滿養分，具貯存的功能，典型的鱗莖如洋蔥、大蒜、百合和水仙。

（七）球 莖

球莖也是長在地面下，通常呈圓球狀，具有頂芽和側芽，兼具貯存和繁殖的功能。球莖的表皮有明顯的節，節上長著鱗葉，但鱗葉是薄膜狀包覆著球莖，所以又有實心鱗莖之稱，常見的如芋頭、慈姑和荸薺。

三、葉的構造和功能

葉子最主要的功能是完成光合作用和蒸散作用，前者無疑的是要製造養分，而後者則可排除過多的水分或發揮調節溫度的功能。

葉子的構造可分成表皮、葉肉、葉脈三部分，表皮細胞可防止水分喪失，但下表皮上有氣孔(stoma)可以交換氣體和蒸散水分；葉肉細胞含有豐富的葉綠體，是進行光合作用的主要場所；葉脈則是導管和篩管的延伸，所以是運輸系統的一部分，也可以支撐葉片保持平展以吸收更多的陽光（圖5-10）。

　　葉子的外觀可分為托葉、葉柄和葉片三大部分，但大多數植物可能會缺少其中的一兩個部分，因此，如果構造齊全的就稱為「完全葉」，例如朱槿、薔薇；反之就叫做「不完全葉」（圖5-11）。

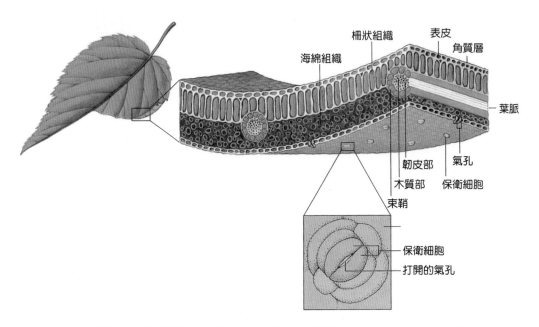

● 圖5-10　葉子的內部構造可分成表皮、葉肉、葉脈三部分，下表皮上的氣孔可以交換氣體和蒸散水分。

● 圖5-11　葉子的外觀如果具備托葉、葉柄和葉片三部分就稱為「完全葉」。

植物的葉片也有變態的現象，常見的有五類（圖5-12），分別是：

（一）針狀葉

葉子的外形變成細針狀，目的是要減少表面積以防止水分蒸散，常見的是仙人掌。

（二）捲鬚葉

某些葉片會變成捲鬚狀，可以捲繞在其他物體上以幫助莖向上生長，常見的如豌豆、絲瓜等。

（三）貯藏葉

少數植物的葉片也具有貯藏養分的功能，例如石蓮和蘆薈的葉片就是。

（四）繁殖葉

有些植物的葉片可以兼具繁殖的功能，常見的如落地生根，當它的葉片與地面接觸時，可以從葉緣處長出新的植株。

（五）捕蟲葉

是一種奇特的變態葉，具有捕食並消化小型昆蟲的功能，常見的如豬籠草和捕蠅草。

🌑 圖5-12　常見的變態葉有：(a)針狀葉、(b)捲鬚葉、(c)貯藏葉、(d)繁殖葉、(e)捕蟲葉。

延伸學習

5-B ・葉形、葉脈和葉序

　　葉子的外觀除了有完全葉與不全葉之分外，葉形、葉脈和葉序也是重要的特徵，並且單子葉植物都是平行脈，雙子葉植物都是網狀脈，所以是植物辨識上的重要依據。

　　葉形可區分為單葉和複葉。單葉是指一枝葉柄上只長出一片葉片，而依據葉緣的平滑度可區分為全緣葉、鋸緣葉、掌狀裂葉與羽狀裂葉四種（圖5-B1）；複葉則是指一枝葉柄上長著一片以上的小葉，依其形態可再區分為單身複葉、三出複葉、掌狀複葉和羽狀複葉（圖5-B2）。

●圖5-B1　單葉分為全緣葉、鋸緣葉、掌狀裂葉與羽狀裂葉。

●圖5-B2　複葉分為單身複葉、三出複葉、掌狀複葉和羽狀複葉。

　　葉脈則分為平行脈和網狀脈兩大類型，網狀脈由主脈和不斷分叉的支脈構成一個綿密的運輸系統，而平行脈依據葉脈的走向又分為直出平行脈、橫出平行脈與放射平行脈三類（圖5-B3）。

　　至於葉序是指葉子著生在莖上的順序，比較典型的葉序可分為互生、對生、輪生和簇生等四種（圖5-B4）。

● 圖5-B3　葉脈分為網狀脈和平行脈兩大類型，平行脈又分為直出平行脈、橫出平行脈與放射平行脈。

● 圖5-B4　典型的葉序可分為互生、對生、輪生和簇生四種。

5-4　植物的生殖

　　植物的生殖方式可分為無性生殖和有性生殖兩種，而且多數植物具有兩種方式並行的能力。一般的無性生殖又稱為營養繁殖，是植物利用根莖葉的某一部分來達到繁衍個體的功能，例如番薯從儲藏根長出新的植株，生薑從地下莖重新發芽等都是（圖5-13）。

　　有性生殖的定義是指兩個生物體間發生遺傳物質交換或精子、卵子結合的現象。在蘚苔植物和蕨類的生活史中，藏精器所釋出的精子會藉水游向另一植株的藏卵器與卵子受精，這就是一種有性生殖的型態，而在裸子植物與被子植物身上，有性生殖演化得更為細緻，尤其是被子植物甚至演化出花朵、果實、種子等精緻的生殖器官，並會利用其他物種幫它達成授粉和擴散的目標。

一、花的構造與功能

　　裸子植物的花分為雄毬花和雌毬花兩種，雄毬花會產生花粉粒，雌毬花會產生卵，花粉粒藉由風力與卵受精而形成種子。被子植物的花則千變萬化，有的巨

(a)

(b)

● 圖5-13：番薯從儲藏根長出新的植株(a)，生薑從地下莖重新發芽(b)，都是植物的無性生殖方式。

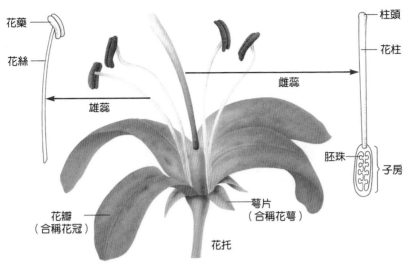

花藥
花絲
雄蕊
柱頭
花柱
雌蕊
胚珠
子房
花瓣
（合稱花冠）
萼片
（合稱花萼）
花托

🌙 圖5-14 一朵典型的花具有花萼、花冠、雄蕊和雌蕊四大部分。

大到超過一公尺，有的卻微小到肉眼都不容易看見，但一朵典型的花通常具有花萼、花冠、雄蕊和雌蕊四大部分（圖5-14）。

（一）花 萼

花芽剛長出來時俗稱為花苞，包在花苞上的綠色苞片稱為萼片，而所有的萼片則合稱為花萼。花萼雖然也可進行光合作用，但最主要的功能是保護花芽順利成長。

（二）花 冠

花冠是一朵花最顯眼的部分，由花瓣所構成，主要的功能是保護花蕊，而有些花冠顏色鮮豔，並且基部具有蜜腺，以達到吸引昆蟲或鳥類為它傳粉的目的。

（三）雄 蕊

雄蕊由花絲和花藥構成，花絲用來支撐花藥，花藥內的花粉囊則可進行減數分裂以產生花粉粒，花粉粒內含有精細胞。花粉粒要到達另一朵花的雌蕊而完成授粉的途徑，可能是藉助風力、水流、昆蟲或鳥類等外來的力量，所以才有風媒花、蟲媒花之稱。

（四）雌 蕊

雌蕊分為柱頭、花柱和子房三部分。柱頭在最頂端，表面有粘性可粘住花粉；子房在最底端呈膨大狀，包覆著一個稱為胚珠的構造，胚珠就是植物的卵，精卵結合後，子房就發育成果實，而胚珠則發育成種子。

二、果實的構造與功能

　　果實除了具有保護種子的任務外，也具備讓種子散布更遠的功能，例如質輕而容易漂浮的椰子和棋盤腳可藉助水力散布；有豐富果肉的龍眼、芒果等則可吸引動物過來取食而傳播。

　　基本上果實是由子房發育而來，構造可分為外果皮、中果皮、內果皮和種子四部份。但是一朵花可能不只一個子房，而有些果實也不只是由一朵花所產生，因此在果實的形態上，可分為單生果、集生果和花序果三大類（圖5-15）。

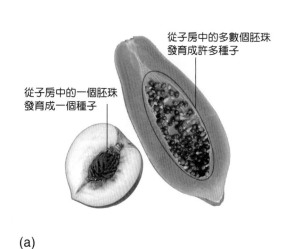

從子房中的一個胚珠發育成一個種子

從子房中的多數個胚珠發育成許多種子

(a)

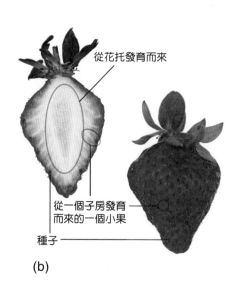

從花托發育而來

從一個子房發育而來的一個小果

種子

(b)

從整個花序的中軸發育而來

從一朵花發育而來

(c)

　　● 圖5-15　果實的形態可分為單生果(a)、集生果(b)和花序果(c)三大類。單生果從一朵花的一個子房發育而成；集生果從一朵花的許多個子房發育而成；而花序果則是從整個花序上的許多花朵發育而成的。

（一）單生果

單生果是從「只有一個子房的一朵花」發育形成的，若是子房裡只有一個胚珠，那果實裡就只會出現一個種子，例如桃子、李子；但若是子房裡有很多個胚珠，那果實裡就會有很多種子，例如芭樂和木瓜。

（二）集生果

集生果又稱聚合果，是從「有很多個子房的一朵花」發育來的，每個子房都發育成一個小果實聚集在花托上而融合成一個大果實，這種形態稱為集生果，如草莓、蓮蓬就是。草莓表面顆粒狀的凸起其實是由一個個子房發育成的，每個顆粒裡面各有一個細小的種子，而果實中間最可口的部分則是由花托所形成的。

（三）花序果

花序果又稱多花果，是從整個花序發育而來的，鳳梨和桑葚即是典型的花序果。以鳳梨為例，中間較硬的果心，其實是花序的中軸部分，而周邊較可口的部份，才是由一朵朵的花發育出來的果實聚合而成。另外，有一種特別的花序果稱為「隱花果」，例如無花果、稜果榕、雀榕等桑科榕屬的植物，它們的果實也是從一整個花序發育而來的，而且這個花序是長在一個向內凹陷的壺狀花軸內，當這些向內生長的花藉由榕小蜂鑽進去授粉後，整個花序就膨大成一個球形或扁球形的果實，從構造上來看，它的最外層其實是來自花軸，裡面才是由許多小子房共同發育而成的。

三、種子的構造與功能

種子的功能是用來繁殖後代，構造上分為種皮、胚及胚乳。胚可視為一棵植物的雛形，可細分為胚芽、胚莖、胚根和子葉，子葉有一片的也有兩片的，前者稱為單子葉植物，如稻米和玉米；後者稱為雙子葉植物，如花生和綠豆。至於胚乳則是預存給種子萌芽時所需的營養，但雙子葉植物的胚乳通常會先被子葉吸收而形成肥厚的子葉（圖5-16）。

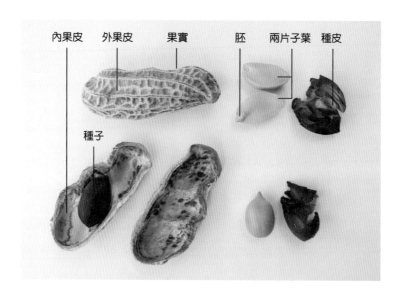

內果皮　外果皮　果實　　　　胚　兩片子葉　種皮

種子

● 圖5-16　以落花生為例，整顆落花生是一個果實，俗稱的殼其實是果皮的部份，剝開果皮，裡面的花生仁才是種子。種子的構造本來分為種皮、胚及胚乳，但雙子葉植物的胚乳已被子葉吸收而形成肥厚的子葉。

　　為了讓族群能夠散布到更遠的地方，種子或果實已演化出各種不同的形態，以藉助某些力量來達到拓展族群的目的。而歸納自然界中常見的種子傳播力量大約可分為下列四種（圖5-17）：

(一) 果實爆裂的力量

　　某些植物的果實成熟時會自行爆開，藉自身的彈力將種子彈射到較遠的地方萌芽，以減少族群自相競爭的壓力，代表性的植物如酢醬草和非洲鳳仙花。

(二) 風　力

　　藉助風力散布的果實在外觀上可能會長出細毛或翅狀物，典型的像蒲公英、昭和草和青楓等都是。

(三) 水　力

　　多數水生或濱海植物的種子是藉助水流散播的，例如椰子、棋盤腳的果實，外層果皮防水，中層果皮則為厚厚一層鬆散充滿空氣的纖維，因此質輕且可以長期漂流，所以能夠將種子帶到很遠的地方去繁殖。

(四) 動物的力量

　　有很多植物會利用動物替它們運送種子到遠方發展，這類種子可能具有黏液或鉤刺，可藉機沾附在動物身上而散布，最常見的如大花咸豐草。另一種形態的種子是包覆在甜美的果實裡面，動物受到誘惑而取食，但種子因為不能消化或被丟棄，就間接的為植物達到散播種子的目的。台灣高海拔有一種稱為紅胸啄花的小型鳥類和桑寄生科植物間即因此形成有趣的共生現象，桑寄生科植物生長在高大的其他植物枝條上，果實是紅胸啄花喜愛的食物，紅胸啄花取食果實後，種子無法消化而排出體外，可是桑寄生種子外包裹一層極黏的黏液，紅胸啄花必須在植物的枝條上磨擦才能使其脫離，也因此協助桑寄生的種子得以黏附到其他植物的枝條上萌發。

(a)　　　　　　(b)　　　　　　(c)

(d)　　　　　　(e)

🌑 圖5-17　果實可藉助某些力量來達到拓展族群的目的。例如：非洲鳳仙花藉自身的彈力將種子彈射到較遠的地方(a)；蒲公英果實上有細毛可隨風力散布(b)；棋盤腳的果實很輕可隨水漂流(c)；大花咸豐草的果實會勾附在動物身上而傳播(d)；瑪瑙珠的果實被鳥類食入後種子隨鳥糞散布(e)。

5-C · 果實的多樣性

　　果實的形態雖然大分為單生果、集生果和花序果，但形態和構造還有複雜的變化，從植物形態學上區分，單生果還可以分成核果、仁果、柑果、瓠果、漿果、莢果、蒴果、瘦果、穎果、堅果等。

一、核 果

　　通常外果皮很薄，中果皮發育成豐富的果肉，內果皮則變成木質化的核，包在種子外面發揮保護功能，典型的代表如桃子、李子、櫻桃等。

二、仁 果

　　果實主要的肉質部分其實是從花托發育而來，裡面包著的才是外、中、內果皮和種子。典型的代表如蘋果和水梨，可口的果肉是花托，裡面略為酸澀的部分才是子房，更裡面才是種子。

三、柑 果

　　柑果是柑橘類特有的果實類型，典型的代表如橘子、柳丁、柚子、檸檬等。外果皮有透明的油囊，內面緊黏著中果皮，而內果皮分成數個隔瓣，內有囊狀多汁的腺毛，是主要的可食部位。

四、瓠 果

　　瓠果是葫蘆科植物的果實類型，典型的代表如西瓜、瓠瓜、絲瓜、南瓜、香瓜、苦瓜等。果實的構造有一層堅硬的外皮，是由花托和外果皮共同發育而來，中果皮和內果皮則肉質化變成可食的部分。部份瓠果裡面會形成空腔，像南瓜、苦瓜、哈密瓜；但有些瓠果因為種子的胎座特別發達，會把整個果實填滿成實心的狀態，例如西瓜和瓠瓜即是。

五、漿 果

　　漿果有一層薄薄的外果皮，中果皮和內果皮形成不易區分的多汁果肉，裡面包著一些種子，典型的代表如番茄、柿子和葡萄，而香蕉也是一種形態較特別的漿果。

六、莢果

莢果是豆科植物的果實類型，典型的代表是大豆、豌豆、花生等。最大的特徵是有兩片縫合在一起的果皮，裡面長著一列種子，有些種類成熟時果皮會沿著縫線裂開，如大豆和豌豆，但也有不裂開的，如花生和銀合歡。

七、蒴果

很多植物的果實形態都是蒴果，例如馬拉巴栗、野牡丹、臺灣欒樹、大花紫薇、杜鵑花、月桃、美人蕉等都是。其特徵是果實內區隔成幾個小室，每個小室內有數顆種子。當果實成熟時，果皮會自行裂開讓種子散落出去，有些甚至可以產生力量將種子彈射出去，像酢醬草和非洲鳳仙花即是。

八、瘦果

瘦果的果皮都很堅硬，但形狀大多是小而扁平，裡面只有一個種子，菊科植物的種子都是這種形態。有些瘦果的表面會有細毛或鉤狀物以利散布，例如蒲公英和大花咸豐草；另外如葵花子也是一種瘦果，它的外殼就是果皮，裡面可食的部分就是他的種子。

九、穎果

穎果是禾本科植物的果實類型，典型的代表是稻米和小麥。穎果的特徵是果皮與種皮相互黏合不易分離，所以有人會將一粒稻穀誤認為一個種子，但其實它是一顆完整的果實。稻穀的果皮剝下來後叫「粗糠」，剩下的是含有種皮和胚芽的糙米；如果再把種皮去除但留下胚芽，就是所謂的胚芽米；而若連胚芽也去除掉，剩下的就只有胚乳的部分，也就是現代人所愛吃的精米，但其實糙米的營養價值是遠勝過精米的。

十、堅果

顧名思義，堅果的特徵是具有堅硬的果皮，典型的代表如青剛櫟、杏仁果、開心果等。這類果實裡面只有一顆種子，但卻富含脂肪、醣類、蛋白質和維生素，是人類和各種野生動物的重要食物來源。

除了上述十種果實類型外，還有一些形狀比較奇特的果實，例如長著薄翅狀附屬物的翅果（青楓）；以及聚合成多角形的蓇葖果（八角）等（圖5-C1）。

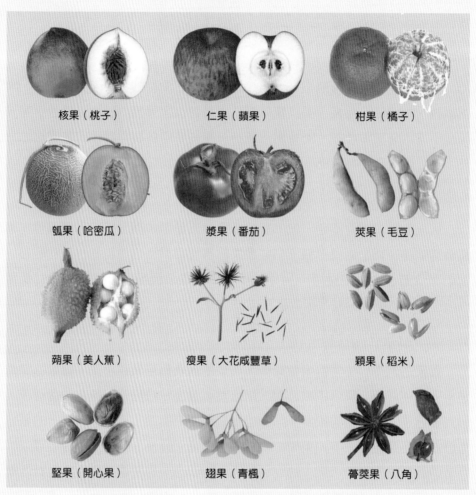

核果（桃子）　　仁果（蘋果）　　柑果（橘子）

瓠果（哈密瓜）　　漿果（番茄）　　莢果（毛豆）

蒴果（美人蕉）　　瘦果（大花咸豐草）　　穎果（稻米）

堅果（開心果）　　翅果（青楓）　　蓇葖果（八角）

🌙 圖5-C1　各種果實的形態。

Chapter at a Glance Outline 本｜章｜綱｜要

1. 植物的形態和種類千變萬化，除了部分藻類外，都具有下列四項共同的特徵：

   (1) 多細胞的構造

   (2) 有光合色素

   (3) 有纖維質的細胞壁

   (4) 有世代交替

2. 植物的生活史中有「孢子體期」和「配子體期」輪流出現的現象，在植物學上稱為「世代交替」。

3. 植物的所有細胞可歸納為：表皮組織、基本組織、輸導組織、分生組織四大類。

4. 植物的器官可分為營養器官和生殖器官兩大類，營養器官包括根、莖、葉，生殖器官則是花、果實和種子，但為了適應不同的生存條件，這些器官都出現了多樣化的演變。

5. 根的主要功能是固著和吸收，外觀包括根冠、先端分生區、延長區、成熟區和根毛。

6. 根的典型功能是固著和吸收，但某些植物的根演變成變態根，常見的是：攀緣根、氣生根、貯藏根、支持根、水生根。

7. 莖的功能是支持和運輸，主要的構造是維管束，外觀有芽、節和葉子等。常見的變態莖有：匍匐莖、纏繞莖、葉狀莖、根莖、塊莖、鱗莖、球莖。

8. 葉子主要的功能是完成光合作用和蒸散作用，構造可分成表皮、葉肉、葉脈三部分。常見的變態葉是：針狀葉、捲鬚葉、貯藏葉、繁殖葉、捕蟲葉。

9. 被子植物的花，典型構造包括花萼、花冠、雄蕊和雌蕊四大部分。

10. 果實由子房發育而來，基本構造上包括外果皮、中果皮、內果皮和種子。形態上可分為單生果、集生果和花序果三大類。

11. 傳播種子的力量可以分為：果實爆裂的力量、風力、水力、動物的力量。

 Review Activities 學｜習｜評｜量

1. 就分類學來看，植物包括＿＿＿＿＿維管束植物、＿＿＿＿＿維管束植物、＿＿＿＿＿維管束植物、＿＿＿＿＿維管束植物四大類群。

2. 植物具有的四項共同特徵是：多細胞構造、有＿＿＿＿＿色素、有＿＿＿＿＿的細胞壁、有＿＿＿＿＿＿的現象。

3. 植物的生活史中會有＿＿＿＿＿期和＿＿＿＿＿期輪流出現的現象，在植物學上稱為「世代交替」。

4. 植物體的細胞可歸納為四大類型，分別是＿＿＿＿＿組織、＿＿＿＿＿組織、＿＿＿＿＿組織與＿＿＿＿＿組織。

5. 植物的營養器官包括根、＿＿＿＿＿、＿＿＿＿＿，生殖器官則是花、＿＿＿＿＿和＿＿＿＿＿。

6. 維管束包括韌皮部和木質部，韌皮部有＿＿＿＿＿和＿＿＿＿＿，負責運輸＿＿＿＿＿和有機物，木質部則有＿＿＿＿＿和＿＿＿＿＿，負責＿＿＿＿＿的運輸。

7. 各種變態根中，番薯、蘿蔔是＿＿＿＿＿根、黃金葛、爬牆虎是＿＿＿＿＿根。

8. 莖的主要功能是支持和運輸，外觀上通常可以明顯的看到＿＿＿＿＿、＿＿＿＿＿和葉子等構造。

9. 各種變態根中，馬鈴薯是＿＿＿＿＿莖、洋蔥是＿＿＿＿＿莖、牽牛花是＿＿＿＿＿莖。

10. 完全葉的外觀可分為＿＿＿＿＿、＿＿＿＿＿和＿＿＿＿＿三大部分。

11. 各種變態葉中，落地生根是＿＿＿＿＿葉、豬籠草是＿＿＿＿＿葉。

12. 雄蕊由_____和_____構成；雌蕊則分為_____、_____和子房三部分。

13. 果實的形態上，由「只有一個子房的一朵花」發育形成的是_____果；從「有很多個子房的一朵花」發育而來的是_____果；從整個花序發育而來的是_____果。

CHAPTER 6 動物與人體的基本生理功能

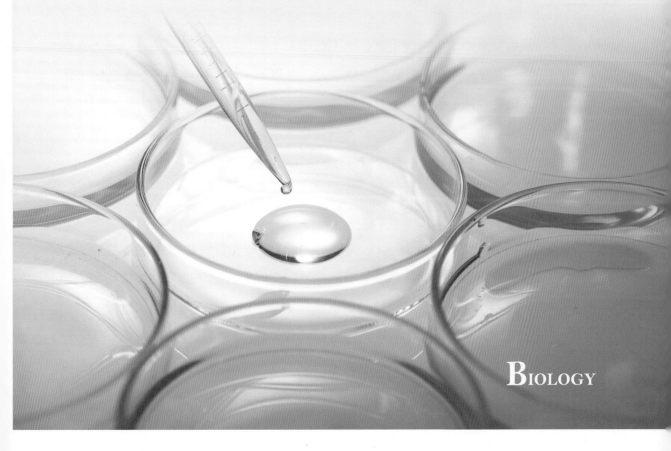

BIOLOGY

動物起源於前寒武紀元古代，當時只有一些原始的腔腸動物，如水母、蠕蟲等。但經過二十五億年的演化，動物的活動範圍已遍及海洋、陸地和天空，甚至在某些極端的環境裡，也都可以發現動物的蹤跡。

就生物分類系統來看，動物界分為三十一個門，其中有三十門沒有脊椎骨構造，所以統稱為無脊椎動物；另外一門則是脊索動物門，其下的脊椎動物亞門有七個綱，合稱為脊椎動物，人類就是脊索動物門、哺乳綱的物種之一。

6-1　動物的特徵

脊椎骨的有無，只是動物分類上的一項依據，但在已知約一百萬種的動物世界裡，形態的差異可謂天壤之別，但若仔細比對各類物種，則可歸納出所有動物都具有下列兩項共同的特徵。

一、都是多細胞生物

如果接受分類學上將鞭毛蟲、纖毛蟲等單細胞生物歸類於原生生物界（參閱3-6 原生生物界），那麼單細胞的鞭毛蟲、草履蟲、變形蟲等就不算是動物。因此，歸入動物界的所有生物都是多細胞的物種，而且有細胞分化的現象，即使像進化程度較低的海綿動物，雖然還不具備組織層級的構造，但已具備不同形狀、不同功能的細胞，也就是已有細胞分化的現象。

二、都是異營性生物

生物獲得營養的方式有三種，分別是自營性、異營性和混合性。自營性的生物可以自行將二氧化碳、水、氮等無機物轉變成有機物，典型的如植物和藻類可以進行光合作用以產生葡萄糖就是；此外某些化學合成細菌（亞硝化菌、硝化菌、硫化菌等），可以氧化無機物而獲得能量，也被歸類為自營性生物；異營性生物獲得營養的方法，是必須從別的生物身上攝取有機物，例如草食性動物和腐生性的真菌等；混合性營養方式則是可以同時從前述的兩種途徑取得營養，例如

(a)

(b)

● 圖6-1　不論草食性(a)或肉食性(a)，動物都必須從別的生物身上取得營養，所以全是異營性生物。

捕蠅草、豬籠草等。而在動物界中，不論是草食性、肉食性、雜食性或腐食性動物，甚至是以寄生方式從寄主取得營養的寄生蟲，無一例外的都是採取異營性的營養方式（圖6-1）。

6-2　動物的生理構造層級

　　多細胞生物的發育過程中，除了細胞數量的增加外，同時也會讓原本形態功能相同的細胞，轉變成形態功能各異的細胞，這種現象稱為細胞的「分化(differentiation)」。分化的結果，形態功能相近的細胞聚集在一起就形成生理學上所稱的「組織(organization)」；結合不同的組織才能形成「器官(organ)」，而動物生理上，結合數個器官依一定的順序排列，以完成某些特定功能的組合就稱為「系統(system)」。

　　在比較原始的動物身上，生理上的構造層級可能只發展到分化的階段（如海綿），但更進化的動物，都會具備數種組織和多個系統，尤其在哺乳動物身上，各個構造層級都有精緻的分工現象。例如人體的組織可分為上皮組織、結締組織、神經組織和肌肉組織四種，結合數種組織可形成器官，而由數個器官所組成的系統依其功能可分為運動、神經、呼吸、循環免疫、內分泌、消化、排泄、生殖等八大系統。

一、上皮組織 (epithelial tissue)

上皮組織主要是由上皮細胞所構成，廣泛出現在人體的皮膚、黏膜、體腔內襯、器官外膜之上，可視為身體與外界接觸的第一道防線，具有重要的保護功能（圖6-2）。

二、結締組織 (connective tissue)

結締組織是由許多細胞和細胞間質所構成，如纖維細胞和纖維素、骨細胞和骨質等。在人體的軟、硬骨中以及表皮和肌肉之間，都有大量的結締組織，功能在連結不同的細胞形成身體的支架，所以具有支持和保護的功能。而血液、血球和淋巴則是另一種形態的結締組織，它們與身體的免疫作用及物質交換有關（圖6-2）。

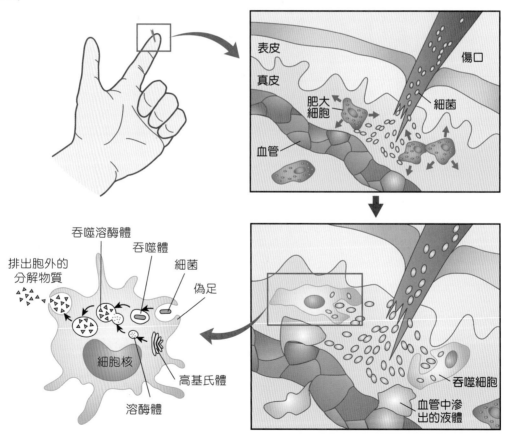

● 圖6-2　上皮組織的皮膚是身體與外界接觸的第一道防線，如果皮膚受傷，結締組織的血液和血球則可發揮消滅入侵細菌的第二道保護功能。

三、神經組織 (nervous tissue)

神經組織包含所有的神經細胞及神經傳導物質,它們構成整個身體的神經網絡,具有重要的感應協調功能。

四、肌肉組織 (muscle tissue)

肌肉組織包含骨骼肌、平滑肌、心肌等三種肌細胞,骨骼肌與骨骼是人體運動系統的主要結構,而平滑肌和心肌則是構成內臟的主要組織。

6-3　運動系統

動物的運動系統繁簡不一,有些無脊椎動物的運動系統(motor system)並沒有骨骼構造,它們的運動是靠「環狀肌」和「縱走肌」交替收縮來完成,例如腔腸動物的海葵、環節動物的蚯蚓等。還有一些動物的運動系統是以外骨骼結合肌肉來產生運動功能,像節肢動物的昆蟲、蝦蟹就是。至於脊椎動物的運動系統,則是以肌肉牽動內骨骼來完成運動功能(圖6-3)。

人體的運動系統主要由軟骨、硬骨、關節和骨骼肌所構成,既是人體的支架,也是表現各種運動現象的主要構造。

人體的骨骼共有206塊,依據形狀可分為長骨、短骨、扁平骨和不規則骨。骨骼的基本構造由外而內分別是骨膜、骨質和骨髓。骨髓是重要的造

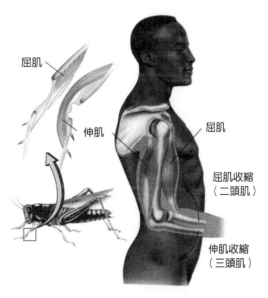

◑ 圖6-3　昆蟲是以外骨骼和肌肉來產生運動,而人體與脊椎動物則是以肌肉牽動內骨骼來完成運動功能。

血組織，紅血球、白血球、血小板等都從這裡產生，而骨質又分成海綿骨和緻密骨，其間的哈氏管(haversian canal)有神經與血管通過，是骨髓與血液間的溝通管道（圖6-4）。

　　骨骼肌是附著在骨骼上的肌肉組織，當它伸縮並牽動骨骼時，就可達成運動的功能。由於骨骼肌的細胞在顯微鏡下觀察時有明帶、暗帶之區分，所以又稱為「橫紋肌」，且因為它可以接受意識的支配而伸縮，故也稱為「隨意肌」。

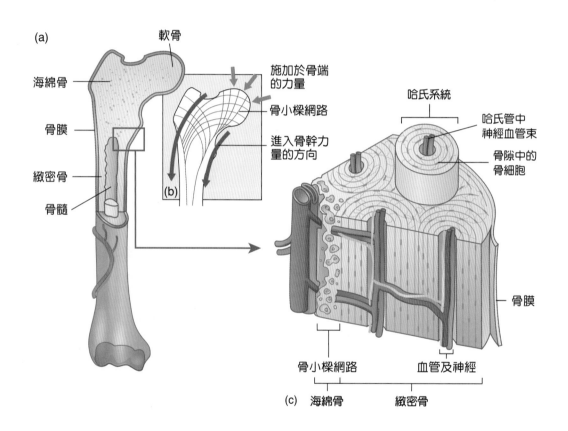

● 圖6-4　骨骼的基本構造由外而內是骨膜、骨質和骨髓，而骨質又分成海綿骨和緻密骨，其間的哈氏管有神經與血管，是骨髓與血液間的溝通管道。

6-4 神經系統

　　神經細胞又稱為神經元，是構成神經系統(nervous system)的基本單位。有些無脊椎動物的神經系統只是由一些神經元相互連接成神經網，沒有整合神經訊息的功能，例如腔腸動物的水螅即是。進化一點的神經系統開始會出現神經索和神經結，可以初步整合刺激和反應，例如扁形動物的渦蟲。而隨著演化程度的改變，有些動物的感覺器官和神經結慢慢集中到身體前端，這種現象稱為「頭化」，在節肢動物如龍蝦的身上就可以明顯的發現。至於脊椎動物和人類，神經系統則已發展到極度精密的狀態（圖6-5）。

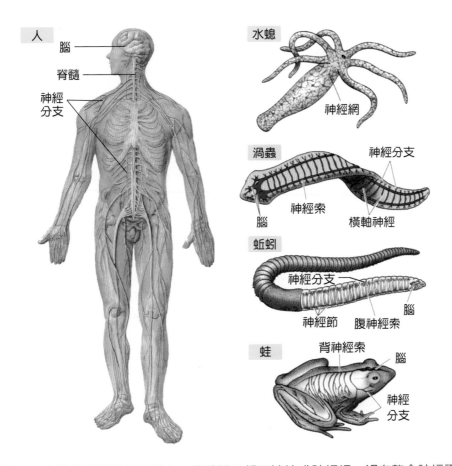

◐ 圖6-5　水螅的神經系統只是由一些神經元相互連接成神經網，沒有整合神經訊息的功能；渦蟲的神經系統開始出現神經索和神經結，可以初步整合刺激和反應；環節動物的蚯蚓已有腦的構造；脊椎動物和人類的神經系統則發展到極度精密的狀態。

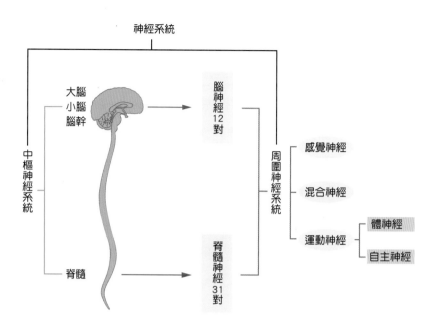

● 圖6-6　人體的神經系統分為中樞神經系統與周圍神經系統兩部分。中樞神經系統包括腦和脊髓，從腦和脊髓延伸出來的神經合稱為周圍神經系統。

　　人體的神經元可分為感覺神經元(sensory neurons)、運動神經元(motor neurons)、聯絡神經元(association neuron) 三種。群集的聯絡神經元構成腦和脊髓，成束的神經元則構成「神經」，腦、脊髓、神經三者共同形成人體的神經系統，在解剖學上把它區分為中樞神經系統與周圍神經系統兩部分（圖6-6）。

一、中樞神經系統 (central nervous system)

　　人體的中樞神經系統包括腦和脊髓。腦由數千億個神經元所構成，分為大腦、小腦和腦幹三部分。大腦的詳細功能目前尚未完全了解，已知的主要功能在處理各種感覺和發出運動指令，除了可以表現出學習、記憶、語言、抽象思考等能力外，也控制食慾、性慾、情緒等非隨意性反應，甚至與人格特質的形成有關。小腦的主要功能在協調骨骼肌的運動功能，調節肌肉的緊張度，以保持身體平衡。腦幹位於大腦和脊髓之間，包括中腦、橋腦和延腦三部分，主要功能在調節心跳、血壓、體溫、呼吸、消化、睡眠等重要生命機能。

二、周圍神經系統 (peripheral nervous system)

　　所有從腦和脊髓延伸出來的神經合稱為周圍神經系統，人體的神經總共有43對，其中12對是從腦部長出，是所謂的「腦神經」，另外的31對則是「脊髓神經」。

　　依據神經的特質和傳導方向可將神經分為三大類，如果只由感覺神經元所構成的神經稱為感覺神經；只有運動神經元的叫運動神經；兩種神經元都有的則是混合神經。感覺神經的功能是將受器所接收的刺激傳回腦或脊髓；運動神經元的功能是將腦的指令傳給肌肉或腺體；混合神經則兼具雙向傳導的功能。

　　運動神經可再區分為體神經與自主神經。體神經所指揮的動作，可以受大腦意識所控制，例如舉手、走路、說話等。而自主神經所控制的運動則不受大腦意識影響，例如心跳、腸胃蠕動、瞳孔收放、腺體分泌等。

6-5 呼吸系統

　　動物必須不斷從環境中吸入氧氣，並將代謝產生的二氧化碳排出體外，這就是呼吸系統(respiratory system)所要完成的任務。由於氧氣和二氧化碳都藉由溶入水中而進出身體，所以呼吸器官一定都要保持在濕潤的狀態，且為了提升氣體的交換速率，呼吸器官都有很大的表面積。

　　有些動物的呼吸方式很簡單，可以利用潮濕的皮膚直接交換氣體，例如蚯蚓就是。但在不同動物身上，呼吸器官有各種不同的變化，例如昆蟲用「氣管系統」呼吸、蜘蛛用「書肺」呼吸、魚類用「鰓」呼吸、哺乳類和爬蟲類用「肺」呼吸、鳥類則用肺和「氣囊」進行最有效率的氣體交換（圖6-7）。

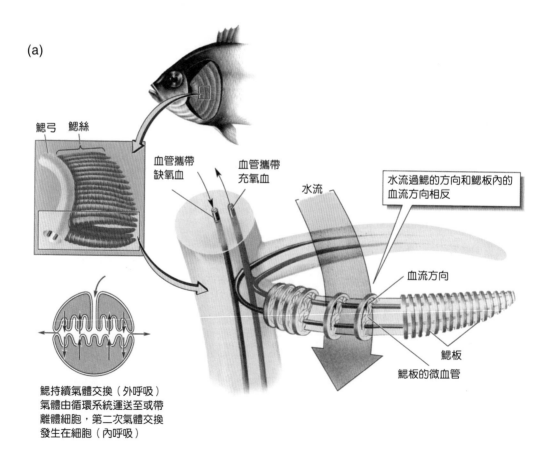

(a)

鰓弓　鰓絲

血管攜帶缺氧血　血管攜帶充氧血

水流過鰓的方向和鰓板內的血流方向相反

水流

血流方向

鰓板

鰓板的微血管

鰓持續氣體交換（外呼吸）氣體由循環系統運送至或帶離體細胞，第二次氣體交換發生在細胞（內呼吸）

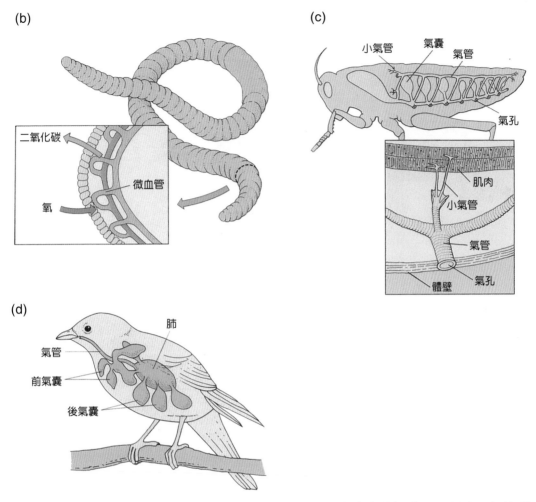

🌑 圖6-7　魚類用鰓呼吸(a)；蚯蚓可以利用潮濕的皮膚直接交換氣體(b)；昆蟲用氣管系統呼吸(c)；鳥類用肺和氣囊進行氣體交換(d)。

　　人體的呼吸系統包括鼻腔、咽喉、氣管和肺臟。鼻腔可以調節空氣的溫度和濕度，同時可以過濾掉空氣中的細微雜物。咽喉可控制食道和氣管的入口，以免食物誤入氣管裡面。而氣管在胸腔內分為左右兩個支氣管，支氣管不斷分叉成細支氣管，末端接的是肺泡。人體的肺泡約有三億個，總面積約75平方公尺，表面密布微血管，氣體的交換就在這裡進行（圖6-8）。

　　人體的肺臟本身並沒有運動能力，造成它膨脹吸氣和收縮呼氣的力量是來自胸腔體積的變化，而根本原因則是橫膈和肋間肌收縮和放鬆的結果。橫膈是位於

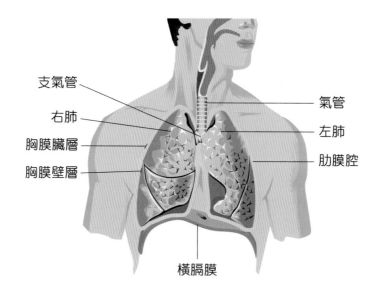

支氣管
右肺
胸膜臟層
胸膜壁層

氣管
左肺
肋膜腔

橫膈膜

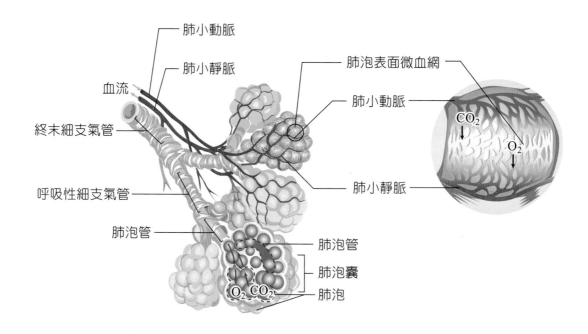

肺小動脈
肺小靜脈
血流
終末細支氣管
呼吸性細支氣管
肺泡管

肺泡表面微血網
肺小動脈

CO_2
O_2

肺小靜脈

肺泡管
肺泡囊
肺泡
O_2 CO_2

🌑 圖6-8　人體的呼吸系統包括鼻腔、咽喉、氣管和肺臟。肺臟裡約有三億個肺泡，總面積約75平方公尺，表面密佈微血管，氣體的交換就在這裡進行。

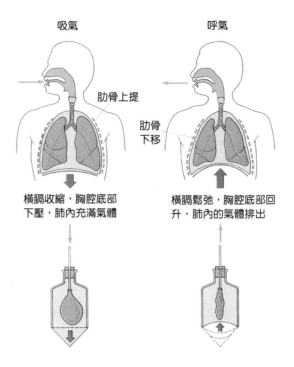

吸氣　　　　　　　呼氣

肋骨上提

肋骨下移

橫膈收縮，胸腔底部下壓，肺內充滿氣體

橫膈鬆弛，胸腔底部回升，肺內的氣體排出

● 圖6-9　人體的肺臟本身並沒有運動能力，造成它膨脹吸氣和收縮呼氣的力量是來自胸腔體積的變化，而根本原因則是橫膈和肋間肌收縮和放鬆的結果。

胸腔底部的一片肌肉，放鬆時會向上彎曲、收縮時會向下拉平。肋間肌則是控制胸腔運動的肌肉，收縮時肋骨會上提，放鬆時肋骨則下降。因此，當橫膈和肋間肌同時收縮時，胸腔體積就會變大，壓力減小，外界的空氣因為大氣壓力的關係就會充入肺臟，完成吸氣的動作，反之則是氣體被壓出肺臟造成呼氣的動作（圖6-9）。

6-6　循環免疫系統

隨著動物體積的增大，體內各個細胞和外界交換物質或氣體的難度就越來越高，因此必須有循環系統來解決這項問題。而一般的循環系統大概由三個部份所構成，分別是心臟、血管和血液。

一、循環系統的類別

動物的循環系統可分為閉鎖式和開放式兩種類型。所謂閉鎖式循環是血管和心臟構成一個封閉式的管道系統，血液只能在心臟和血管內流動；而開放式循環則是血管的末端會開口在體腔內，因此血液在某個階段會漫流在體腔裡（圖6-10）。

大部分軟體動物和節肢動物屬於開放式循環系統，例如蝗蟲的心臟是一個管狀構造，兩側有血管和小孔，但血管的末端是開放的，當心臟收縮時，血液被從心臟順著血管擠入體腔，血液在體腔內流動後再被心臟的小孔回收進去。

軟體和節肢以外的動物大都是閉鎖式循環系統，但在心臟構造方面，魚類只有一心房一心室、兩棲類有兩心房一心室、鳥類和哺乳類則有兩心房兩心室。以人體為例，人類的右心室連接著肺動脈，右心室收縮時血液被送到肺臟充氧，再

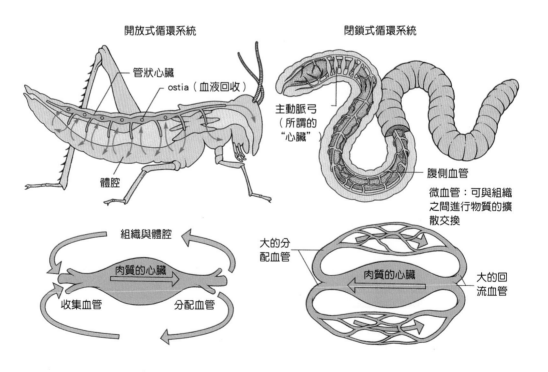

🐛 圖6-10　動物的循環系統可分為閉鎖式和開放式兩種類型。閉鎖式循環的血液只能在心臟和血管內流動；而開放式循環的血液在某個階段會漫流在體腔裡。

經由肺靜脈流回左心房和左心室；左心室收縮時，這些含氧血就進入體動脈被送到身體各處，之後從體靜脈流回右心房和右心室，繼而再到肺臟去補充氧氣。如此週而復始的循環，血液可將氣體和物質在肺臟和其他器官間充分交換。至於兩棲類兩心房一心室的心臟構造，從肺臟回來的含氧血和從身體回來的缺氧血會在心室混合，雖然這樣會降低循環的效率，但幸好兩棲類的皮膚可以幫助呼吸，所以還能避免體細胞缺氧的問題（圖6-11）。

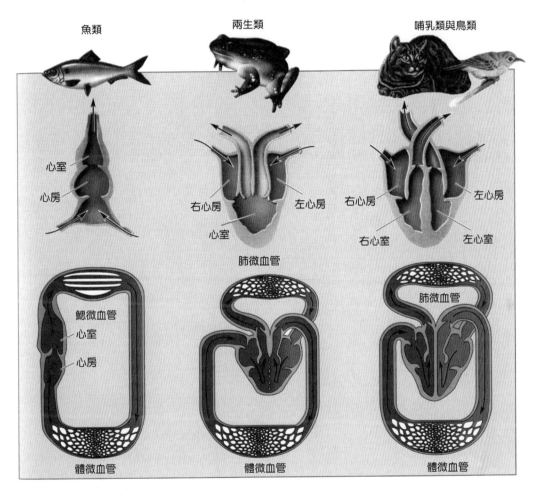

● 圖6-11　心臟構造方面，魚類只有一心房一心室、兩棲類有兩心房一心室、鳥類和哺乳類則有兩心房兩心室。

二、人體的循環和免疫

　　人體的心臟、血管、血液與淋巴管、淋巴結、淋巴球、淋巴液共同構成循環免疫系統(circulatory and immune system)。血液的組成包括血漿和血球，血球又分為紅血球、白血球和血小板。紅血球的主要功能在運送氧氣；白血球可以吞噬入侵人體的細菌；血小板則可發揮凝血的功能。

　　從動脈流出的血液約有99%會從靜脈流回來，流失的1%是從微血管壁滲透出去的血漿。這些血漿停留在身體的細胞之間稱為組織液，但最後會被淋巴管回收成淋巴液。淋巴管是分布在身體各處的一套樹枝形管狀系統，其構造和微血管、靜脈相似，但管壁卻更薄，很容易讓組織液滲入管內。小淋巴管會在身體的某些特定位置逐漸匯聚，最後形成一條大淋巴管匯入上胸部靜脈，所以淋巴液最終還是回到血管裡面（圖6-12）。

　　推動淋巴液的動力主要來自肌肉運動時所產生的擠壓力量，所以流速緩慢，但淋巴系統(lymphatic system)所製造的淋巴球可以產生抗體，是人體免疫能力的重要根源。

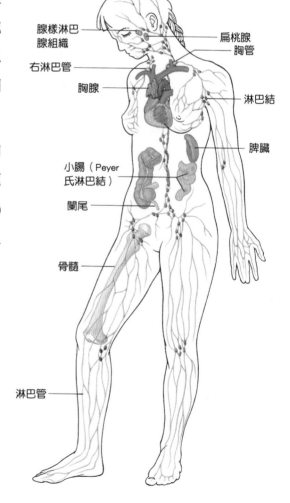

腺樣淋巴腺組織
右淋巴管
胸腺
扁桃腺
胸管
淋巴結
脾臟
小腸（Peyer氏淋巴結）
闌尾
骨髓
淋巴管

● 圖6-12　人體的心臟、血管、血液與淋巴管、淋巴結、淋巴球、淋巴液共同構成循環免疫系統。淋巴管與淋巴結分布在身體各處而淋巴液最終還是會回到血管裡面。

6-7　內分泌系統

　　動物體內有某些器官，會釋放出某種成分特殊的物質去影響某一項特定的生理作用，這類的器官稱為內分泌腺，所分泌的物質則稱為荷爾蒙或激素。由於荷爾蒙的釋放方式並非藉由管道排出，而是直接分泌到腺體周圍的細胞間隙，再藉由體液和血液輸送到目標器官或組織，因此內分泌腺又叫無管腺。

　　節肢動物身上普遍都有內分泌腺，例如甲殼類的脫殼機制和昆蟲的蛻皮週期都受荷爾蒙所調節。而現代醫學對人體的內分泌已有深入的研究，主要的內分泌器官包括腦下腺、甲狀腺、副甲狀腺、胸腺、胰島腺、腎上腺、性腺等（圖6-13）。這些腺體雖然起源不同，彼此間也不一定相互影響，但生理學上還是將它們合稱為內分泌系統(endocrine system)。

　　內分泌系統分泌的激素中，有些會產生相反的作用結果，這些激素稱為拮抗激素，例如胰島素和升糖素分別使血糖濃度下降和升高，副甲狀腺素和降鈣素則分別提高和降低血液中鈣離子的濃度。

　　人體分泌的眾多激素，主要目的在於維持體內環境的恆定性(homeostasis)，多數作用機制為「負回饋機制」，以胰島素為例，當血糖濃度上升時，胰島素分泌增加開始作用促使血糖濃度下降回歸到正常狀態，反之當血糖濃度降低時，升糖素開始作用以使血糖回歸正常濃度；催產素是人體中少數採「正回饋機制」作用的激

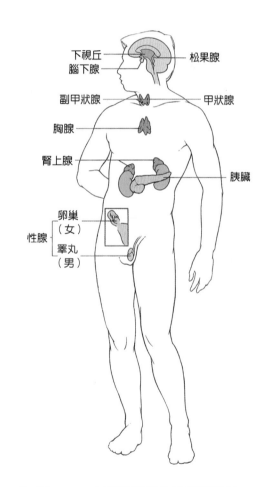

🔵 圖6-13　人體主要的內分泌器官包括腦下腺、甲狀腺、副甲狀腺、胸腺、胰臟、腎上腺、性腺等。

素,當子宮收縮時,會刺激腦下腺後葉分泌更多的催產素,進而促使子宮肌肉更加強烈的收縮,更強的收縮又釋放更多催產素,如此不斷加強作用,最終將胎兒娩出。

一、腦下腺 (pituitary gland)

腦下腺位於中腦之前、下視丘的底部,幾乎就在整個頭顱的中央位置,分為腦下腺前葉與腦下腺後葉。由於腦下腺所分泌的部分激素會影響其他內分泌腺的作用,所以又有「主腺」之稱。

腦下腺後葉分泌兩種激素,分別是催產素和抗利尿激素。前者作用在女性的乳房和子宮上,可刺激泌乳或引發子宮收縮;後者作用在腎臟上面,可增加或減少腎臟所排除的水分,藉此維持血液濃度的恒定。至於腦下腺前葉所分泌的激素則有七種,其名稱及作用如表6-1所示。

● 表6-1 腦下腺前葉所分泌的激素及作用

激素名稱	作用目標	產生效果
濾泡刺激素(FSH)	性腺	刺激精卵細胞的產生。
黃體生成素(LH)	性腺	刺激卵巢分泌動情素及排卵;刺激睪丸分泌睪固酮。
泌乳激素(PRL)	乳房	刺激女性乳房成長或分泌乳汁。
甲狀腺刺激素(TSH)	甲狀腺	刺激甲狀腺分泌甲狀腺素。
促腎上腺皮質激素(ACTH)	腎上腺皮質	促進腎上腺皮質分泌其激素。
生長激素(GH)	全身生長中的細胞	促進蛋白質的合成和提高細胞代謝效率。
黑色素細胞刺激素(MSH)	皮膚色素細胞	對人體的作用尚不明確。

二、甲狀腺 (thyroid gland)

甲狀腺是人體最大的內分泌器官,位於頸部氣管的前面,主要分泌的是甲狀腺素,幾乎作用在全身的細胞,其濃度與身體的代謝速率成正相關。甲狀腺素濃度過高會產生血壓升高、心跳加速、體重減輕、易怒等現象,醫學上稱為甲狀腺

機能亢進症,反之則是甲狀腺機能低下症。甲狀腺素濃度太低通常導因於碘的攝取不足,因為碘是合成甲狀腺素的必須元素,而甲狀腺為了要加強吸收血液中的碘,就會造成甲狀腺腫大的現象。

甲狀腺還會分泌降鈣素(calcitonin),作用在腎臟和骨骼細胞,會減少腎臟對鈣離子的再吸收速率以及增加鈣離子在骨骼細胞中的沉澱,以降低血液中的鈣離子濃度。

三、副甲狀腺 (parathyroid gland)

副甲狀腺位於甲狀腺的背面,主要分泌的是副甲狀腺素,作用在骨骼和消化道上。副甲狀腺素可以刺激消化道加強鈣質的吸收,或是刺激骨骼將鈣質釋放到血液內,目的是要精確的維持血液中的鈣離子濃度。

四、胸 腺 (thymus gland)

胸腺位於胸腔正前方的中間位置,青春期時大而明顯,之後會稍微縮小,所分泌的激素叫胸腺素,作用是促使淋巴球生長並成熟,與人體的免疫作用有關。

五、胰島腺 (pancreatic islets)

胰臟位於胃與十二指腸之間,是一個重要的消化器官,但其內部散布著一些大小形狀不定的細胞,具有內分泌的功能,而為了在功能上有所區分,故將這些細胞合稱為胰島腺,所分泌的激素主要是胰島素和升糖素兩種,兩者共同作用發揮穩定血糖的功能。

人體在進食之後,血液中會充滿從消化系統吸收來的葡萄糖,這時胰島素的濃度就會增加,目的是要讓肝細胞和肌肉細胞加速吸收葡萄糖而轉化成肝醣以利儲存。相反的,若在饑餓狀態,升糖素的分泌就會增加,作用是讓肝細胞中的肝醣分解成葡萄糖,以確保血液中必要的血糖濃度。

胰島素若分泌不足或肝細胞和肌肉細胞對胰島素的作用敏感性降低,都會造成血糖濃度不易下降,長期處在高血糖狀態下,即為「糖尿病(diabetes mellitus)」，屬於一種慢性代謝疾病。由胰島素分泌不足所引起的稱為「第一型糖尿病」，因肥胖或其他原因造成細胞胰島素抗性而引起的稱為「第二型糖尿病」，糖尿病無法根治，多數需透過藥物長期控制血糖，但第二型糖尿病可透過減肥、運動和飲食控制等方式來改善。

六、腎上腺 (adrenal gland)

腎上腺有一對，各位於腎臟的上方，但每個腎上腺又分為皮質和髓質兩部份，前者分泌的主要是糖皮質酮和礦物皮質酮；後者分泌的則是腎上腺素和正腎上腺素。

糖皮質酮作用在許多組織細胞上，可以加速醣類代謝以提高血糖濃度；礦物皮質酮作用在腎臟和血液，可以調節鈉、鉀代謝以調節血壓；腎上腺素與正腎上腺素則作用在肝臟、肌肉和循環系統之上，當人體遭遇緊急狀況，這兩種激素的分泌量會大增，於是產生心跳加速、血壓上升、瞳孔放大、骨骼肌強力收縮等反應，目的是要讓身體產生足以應付危難所需的動作和能量。

腎上腺素與正腎上腺素產生的是短期的快速作用，使人得以應付臨時發生的緊急狀態；糖皮質酮和礦物皮質酮的作用則屬於長期緩慢的效果，使人得以在面對長期壓力時做出生理上的調節。

七、性 腺 (sex gland)

男性的性腺是一對位於陰囊內的睪丸，女性則是一對位於下腹腔的卵巢。睪丸分泌的激素是睪固酮，卵巢所分泌的激素是動情素，兩者的功能都是促進性器官與第二性徵的成熟並維持其發展，但睪固酮與腦下腺所分泌的濾泡刺激素共同作用可促使精原細胞發育成精子；而動情素則與腦下腺所分泌的黃體生成素共同作用以刺激排卵。

6-8　消化系統

　　攝取食物是動物補充能量的必要手段，但其取食和消化過程卻因身體構造的不同而有所差異，比較歸納後可將動物的消化系統(digestive system)分為「囊狀消化系統」和「管狀消化系統」兩種型態（圖6-14）。

　　囊狀消化系統只有一個開口，食物被攝取後，有用的物質被消化吸收，但無法消化的也從同一個開口排出體外，例如腔腸動物的水螅、水母，扁形動物的渦蟲就是採取這樣的消化方式。相對的，管狀消化系統則有兩個開口，食物從前端的開口攝入後，一路單向移動並被消化吸收，不能消化的則從另一端排出，而通常負責攝入的一端稱為口，負責排出的稱為肛門，由於這樣的消化效率較高，所以較進化的動物都具備管狀消化系統。

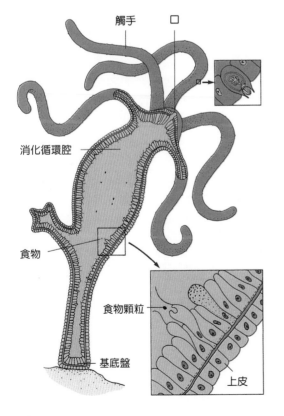

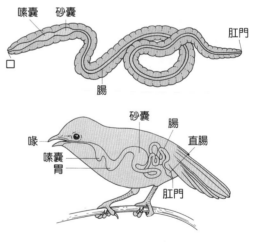

🌙 圖6-14　水螅的囊狀消化系統只有一個開口，食物被攝取後，有用的物質被消化吸收，但無法消化的也從同一個開口排出體外。蚯蚓、鳥類的管狀消化系統則有兩個開口，食物從前端的口攝入後，一路單向移動並被消化吸收，不能消化的則從另一端排出。

人體的消化系統已演化得相當複雜，構造上可分為消化道和消化腺兩部份，而食物的消化過程，也包含了物理性和化學性的分解方法。

一、人體的消化道

　　人體的消化道依序為口腔、咽喉、食道、胃、小腸、大腸和肛門。

　　口腔的主要構造有唇、舌和牙齒，可將食物咀嚼攪拌成食團後，經咽喉的吞嚥動作送入食道，食道以環狀肌收縮所產生的蠕動將食團擠入胃中。胃是消化道中的一個膨大構造，與食道相接處稱為賁門，與小腸相接處為幽門，其內壁可分泌消化酶和胃酸，可進行初步的化學消化。

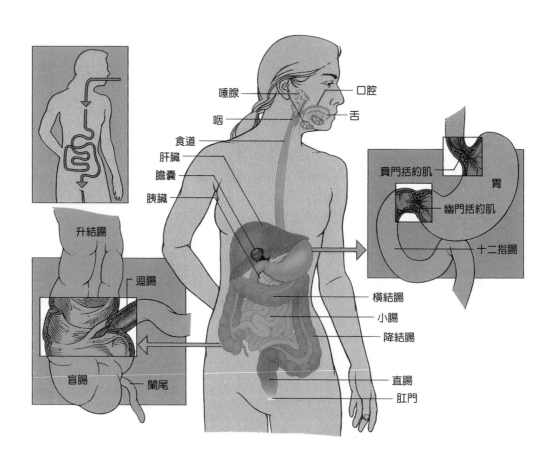

唾腺　　口腔
咽　　　舌
食道
肝臟
膽囊
胰臟
賁門括約肌
幽門括約肌　胃
十二指腸
升結腸
迴腸
橫結腸
小腸
降結腸
盲腸　　闌尾
直腸
肛門

● 圖6-15　人體的消化道依序為口腔、咽喉、食道、胃、小腸、大腸和肛門。

　　小腸分為十二指腸、空腸和迴腸三段，食物在十二指腸和胰臟分泌的消化酶充分混合後幾乎已被完全消化，且小腸內壁有「絨毛」可以增加表面積，所以絕大部分的營養都是從小腸吸收而來。大腸則沒有消化功能，只負責吸收少部分的水和維生素，也分成盲腸、結腸和直腸三段，消化後的剩餘物會暫時堆積在直腸而形成糞便，最後從肛門排出體外（圖6-15）。

二、人體的消化腺

　　人體的消化腺負責分泌消化酶以進行化學消化，依序分別是唾腺、胃腺、肝臟、胰臟和腸腺。

　　唾腺分泌唾液澱粉酶，可將食物中的澱粉分解成雙糖類。胃的內壁上有多種腺體細胞，可分泌胃酸、胃蛋白酶和黏液，胃酸酸鹼度大約介於0.8~3.5，平均為2，可殺菌並刺激胃蛋白酶活化，胃蛋白酶則負責將食物中的蛋白質分解成胜肽分子，黏液則可保護胃壁不被胃酸腐蝕。

　　肝臟能製造膽汁注入十二指腸，作用是讓脂肪乳化成脂肪小球以利後續消化。胰臟則可分泌胰液，其中含有多種消化酶，注入十二指腸後可將各種蛋白質和脂肪消化成可被人體吸收的營養成分，胰臟是人體同時兼具內分泌腺和消化腺功能的器官。至於腸腺是小腸黏膜上的微小腺體，可分泌蛋白酶、脂肪酶和多種醣類分解酶，可將作用對象分解成可吸收的分子型態（圖6-16）。

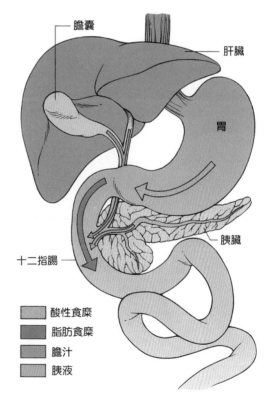

● 圖6-16　肝臟能製造膽汁注入十二指腸，作用是讓脂肪乳化成脂肪小球以利後續消化。胰臟則可分泌胰液，其中含有多種消化酶，可消化蛋白質和脂肪。

6-A ・物理消化與化學消化

食物進入人體之後，消化道會交替運用物理消化和化學消化來改變食物的性狀，最終目標是要把外界的有機物分解成可以被人體吸收的營養成分。

物理消化包括用牙齒將食物撕裂或切成小塊，再以舌頭攪拌成食團，而食道、胃和大小腸的蠕動，則可推擠食團向前移動。這些動作的目的，最重要的是要將食物的表面積增加，以便消化液能夠和它充分接觸，另外也有調節食物溫度、潤滑以利吞嚥等效果。

至於化學消化的目的，則要先從食物的成分談起。人類的食物來源相當複雜，但不管取自動物或植物，其營養成分可分為蛋白質、脂肪、醣類、礦物質和維生素五大類，其中礦物質和維生素可溶於水中或與其他營養成分結合而吸收，但蛋白質、脂肪、醣類則必須經過複雜的化學轉變過程才能被吸收利用。

一、蛋白質的消化過程

蛋白質的基本組成單位是胺基酸，是一種構造複雜的大型分子，人體必須藉助酶的作用將它逐步拆解才能吸收。胃蛋白酶是蛋白質化學消化的啟動者，在它的作用下，蛋白質被分解成較小型的胜肽分子，之後再由胰蛋白酶、腸蛋白酶分解成胺基酸分子才能被小腸吸收。構成細胞蛋白質的胺基酸共有22種，有些人體可以自行合成，稱為「非必需胺基酸」，但其他的就一定要從消化道獲得，所以稱為「必需胺基酸」。

二、醣類的類別和消化

醣類依其分子結構可分為單糖、雙糖和多糖。只有一個糖分子的稱為單糖，主要是葡萄糖、果糖和半乳糖。兩個單糖分子結合在一起就變成雙糖，例如兩個葡萄糖分子可結合成麥芽糖；葡萄糖和果糖結合成蔗糖；葡萄糖和半乳糖結合成乳糖。至於多糖則是由三個以上的單糖分子所構成，最主要的是澱粉、肝醣和纖維素。

　　人體舌頭可以感覺出甜味的只限於單糖和雙糖，但卻只有單糖分子才能被吸收利用。口腔中的唾液含有澱粉酶，所以澱粉一入口就會初步分解成葡萄糖和麥芽糖，這也是白飯或饅頭會越嚼越甜的原因。但通常食物在口腔停留的時間很短，所以十二指腸才是醣類的主要消化位置。十二指腸的內膜可分泌澱粉酶、蔗糖酶、乳糖酶、麥芽糖酶等，可以將目標對象消化成單糖分子吸收入體內，但由於人體缺乏分解纖維素的消化酶，因此纖維素只有促進腸道蠕動的功能但無法被吸收利用。

三、脂肪的消化過程

　　脂肪也是一種結構很大的化學分子，由甘油和脂肪酸所構成，同時也是人體可以吸收的分子型態。

　　脂肪類食物在口腔中只被分割成小塊，且由於胃腺並不分泌脂肪酶，所以脂肪的化學消化是在進入小腸後才真正啟動。注入十二指腸的膽汁可以將脂肪塊乳化成更小的脂肪顆粒，目的是要增加和脂肪酶接觸的面積，而真正可以消化脂肪分子的則是胰脂肪酶和腸脂肪酶，可將脂肪分解成脂肪酸和甘油而被吸收入體內。

6-9　排泄系統

　　動物在分解有機物產生能量的同時也會產生代謝廢物,最主要的如醣類和脂肪分解時所產生的二氧化碳,以及蛋白質分解時產生的氨,而因為這些代謝廢物都有毒性,所以必須盡速排出體外。

　　對某些構造簡單的生物來說,代謝廢物的排除只要藉助擴散和滲透作用即可完成,例如水螅、水母等腔腸動物即是。但當動物的體形越來越大,構造也越來越複雜時,這些代謝廢物就必須更慎重的處理。一般而言,二氧化碳是以溶解在血液中送到呼吸系統排除掉,但氨的處理方法則複雜許多,必須藉由排泄系統(excretion system)來完成這項重要的功能。

　　氨的毒性甚強,淡水魚類通常以大量的水將氨稀釋成淡尿液排出,同時解決水分過多和排氨的問題。但在陸生動物身上,如兩棲類、哺乳類等,由於水分取得不易,為了減少浪費,氨會先在肝臟轉化成毒性較低的尿素後再溶解成濃尿液排出。至於更難取得水分的爬蟲類、鳥類、昆蟲等,氨則轉變成濃稠狀或固體狀的尿酸結晶排出體外(圖6-17),以尿素或尿酸的形式排除氨,都必須耗費額外的能量。

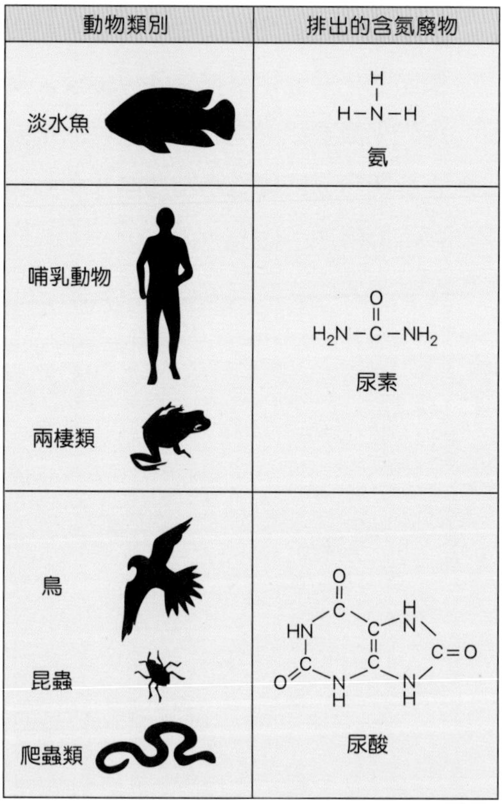

　　動物的排泄系統各有不同,渦蟲是以分布在體內的排泄管收集含氮廢物和多餘的水分,然後從腎孔排出體外,蚯蚓也有類似的腎管和腎孔來完成同樣的功能。昆蟲的排泄統系統稱為「馬氏管」,最大的差別是含氮廢物被收集起

動物類別	排出的含氮廢物
淡水魚	H H—N—H 氨
哺乳動物 兩棲類	O ‖ $H_2N-C-NH_2$ 尿素
鳥 昆蟲 爬蟲類	尿酸

● 圖6-17　淡水魚以大量的水將氨稀釋成淡尿液排出;兩棲類、哺乳類會先在肝臟將氨轉化成毒性較低的尿素後再溶解成濃尿液排出;爬蟲類、鳥類、昆蟲等的氨則轉變成濃稠狀或固體狀的尿酸結晶排出體外。

來後會先送進腸道回收水分，之後再與糞便一起排出體外。

至於人體的排泄系統，廣義的應該包括肺臟、消化道、皮膚和泌尿系統。肺排除二氧化碳，消化道排除紅血球老死所產生的膽紅素，而皮膚和泌尿系統則負責排除含氮廢物和多餘的水分，其中以泌尿系統最為重要。

泌尿系統包括腎臟、輸尿管、膀胱和尿道。腎臟有一對，每個腎臟約由一百萬個「腎元(nephron)」所組成。腎元可以將血液中的含氮廢物透析出來形成尿液，是泌尿系統中最重要的功能。尿液形成後會從腎元流入輸尿管，在膀胱貯存到一定的量後再從尿道排出體外，人體膀胱的容量約300～500毫升，一天的排尿量約2～2.5公升，但依個人的飲食習慣而有差異。

6-10　生殖系統

產生新個體、延續種族生命是生殖系統(reproductive systems)最主要的功能，而動物界的生殖方法，除了極少數物種可以進行無性生殖外，絕大多數都是以有性生殖繁衍下一代。

水螅在營養充足的情況下，可以用出芽的方式產生新個體，這是動物界中少數無性生殖的案例，而渦蟲或蚯蚓斷裂後會變成兩個新個體的情況，是受外力傷害所造成的再生現象，並不能視為常態的生殖方法。

有些動物可以進行「孤雌生殖(parthenogenesis)」，例如蜜蜂產下的卵如果沒有受精，會發育成單倍體的雄蜂，還有像水蚤、粉蝨、薊馬等也可以在只有雌蟲的情況下繁衍後代。但是學理上認為，孤雌生殖因為子代和親代之間仍有減數分裂或基因重組的現象，所以把它歸類為有性生殖的一種特別型態。

典型的有性生殖是經由減數分裂產生單倍體的精卵細胞，並經由受精的過程產生基因重組的下一代。以人類為例，女性的生殖系統會經由減數分裂產生單倍體的卵子，男性則產生單倍體的精子，精卵結合後又恢復為雙倍體，下一代身上的染色體有一半來自父親、一半來自母親，這就是最典型的有性生殖（圖6-18）。

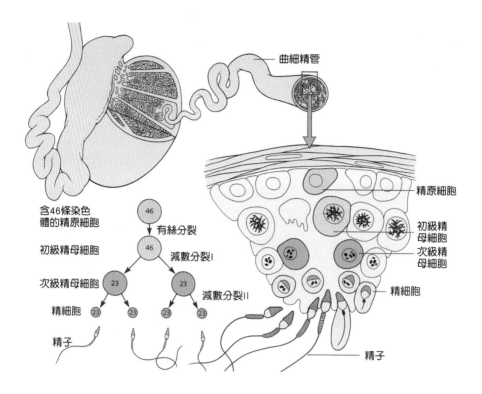

含46條染色體的精原細胞

有絲分裂

初級精母細胞

減數分裂I

次級精母細胞

減數分裂II

精細胞

精子

曲細精管

精原細胞

初級精母細胞

次級精母細胞

精細胞

精子

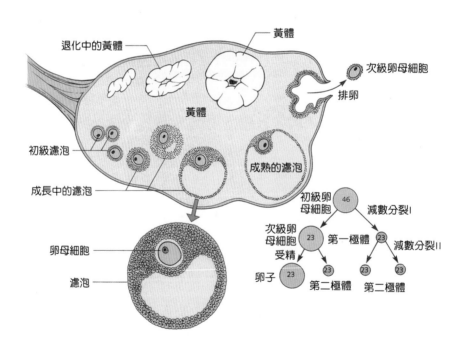

退化中的黃體

黃體

次級卵母細胞

排卵

黃體

初級濾泡

成熟的濾泡

成長中的濾泡

初級卵母細胞

減數分裂I

卵母細胞

次級卵母細胞

第一極體

減數分裂II

濾泡

受精

卵子

第二極體

第二極體

● 圖6-18 典型的有性生殖有減數分裂的過程,例如人類女性的生殖系統會經由減數分裂產生單倍體的卵子,男性則產生單倍體的精子,精卵結合後又恢復為雙倍體。

一、男性生殖系統

男性生殖系統由睪丸、副睪、輸精管、精囊、射精管、前列腺、尿道球腺、陰莖等所構成（圖6-19）。睪丸是製造男性荷爾蒙和精子的器官，精子形成後先暫存於副睪內，當性興奮啟動後，精子才沿著輸精管移向尿道，中間會經過精囊，並與相關腺體所分泌的液體混合而形成所謂的精液。

精囊所分泌的液體含有果糖，主要功能是提供精子營養，而前列腺所分泌的前列腺液可促進精子的活動，尿道球腺所分泌的微鹼性液體則可中和尿道環境，避免精子通過時受到傷害。至於陰莖則是接受性刺激和進行性交的器官，其內有勃起組織，性興奮時會出現勃起的現象，目的是要讓精子能夠順利進入陰道裡面。

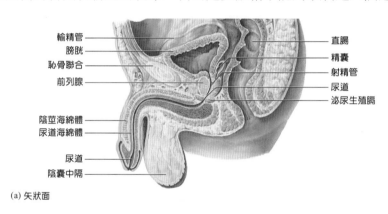

(a) 矢狀面

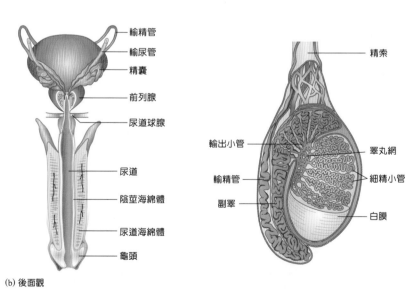

(b) 後面觀

● 圖6-19　男性生殖系統由睪丸、副睪、輸精管、精囊、射精管、前列腺、尿道球腺、陰莖等所構成。

二、女性生殖系統

　　女性生殖系統由卵巢、輸卵管、子宮、陰道、小陰唇、大陰唇所構成（圖6-20）。卵巢是製造女性荷爾蒙和卵細胞的器官，每一次月經週期當中，會有一個卵細胞自卵巢離開，這個現象稱為「排卵」。卵細胞進入輸卵管後，會因為管壁的纖毛運動而被送往子宮，途中若完成受精，受精卵就在子宮內膜著床並發育成胎兒。陰道是排出經血和進行性交的器官，開口處有密合的皮膚皺摺形成小陰唇和大陰唇，具有接受性刺激並防止異物入侵陰道的功能。

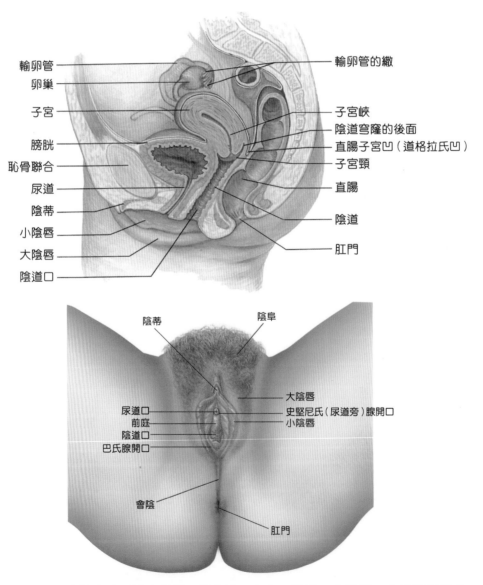

🌙 圖6-20　女性生殖系統由卵巢、輸卵管、子宮、陰道、小陰唇、大陰唇所構成。

6-B · 月經週期與安全期避孕法

女性的卵巢和子宮會有週期性的變化，在生理學上稱為月經週期，一般平均是28天，但會因個人身心狀況而有延長或縮短的現象。

學理上將一次月經週期分成行經期、濾泡期、排卵期和黃體期四個階段，其根本原因在於性荷爾蒙的作用（圖6-B1）。茲將這四個階段的主要生理現象列述如下：

一、行經期

是指有經血從陰道排出的這段時間，長短因個人體質而異，一般約3～7天。行經期的原因是子宮內膜因缺乏荷爾蒙的維持而壞死，這些壞死組織崩落後與血液一起從陰道排出稱為月經，而月經出現的第一天也就是月經週期的第一天。

二、濾泡期

月經結束到濾泡排卵這個階段稱為濾泡期。生理上的變化是腦下垂體會分泌濾泡刺激素促使卵巢中的一個濾泡開始成長，且濾泡細胞在發育過程中還會分泌動情素，作用是刺激子宮內膜增生，讓子宮進入準備接納受精卵的狀態。

三、排卵期

濾泡成熟時會釋出一個次級卵母細胞離開卵巢，這個現象稱為「排卵」。排卵的時間約是月經出現後的第十四天，但可能有提前或延後一兩天的誤差。

由於卵細胞排出後只有兩天的受精能力，如果這段時間內沒有機會和精子相遇，卵細胞隨即就老化死亡。因此，女性可以根據這個原理來避免懷孕，也就是說，只要不在排卵日的前後（約是月經週期的第11～17天）進行性交，或是正確的使用保險套，就可以大大降低懷孕的機率，這就是所謂的「安全期避孕法」。

四、黃體期

　　釋出次級卵母細胞的濾泡會繼續發展成黃體，黃體可以分泌黃體素，主要功能是讓子宮內膜繼續增厚。但由於黃體會慢慢退化萎縮，黃體素的分泌量也日漸減少，當其濃度無法繼續維持子宮內膜時，壞死崩落的情況就再度出現，於是又進入另一次的週期循環。反之，如果卵細胞受精並著床了，受精卵與子宮內膜就會形成胎盤，由於胎盤可分泌胎盤素接手維持子宮內膜繼續發展的功能，所以一旦懷孕就不會有月經出現。

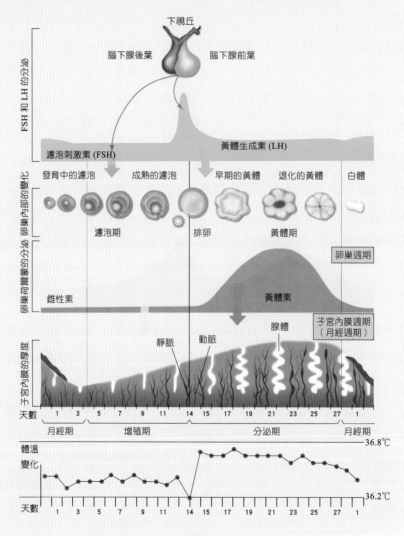

🦋 6-B1　一次月經週期中，荷爾蒙、子宮內膜與基礎體溫的變化。

三、懷孕與分娩

　　動物界中子代的發育過程可分為三種型態。第一種是卵生，雌性個體會產下一個或數個受精卵到體外，再利用體溫或陽光的熱量孵化，但孵化過程中並不從母體吸收營養，例如鳥類和昆蟲。第二種是胎生，雌性個體將子代留在子宮內發育，並透過胎盤和臍帶提供胎兒營養，哺乳類中的胎盤就是用這樣的生育方法。第三種叫卵胎生，雌性個體的受精卵雖然留在母體內孵化，但發育過程中並不從母體吸收營養，而是靠受精卵的卵黃提供養分，基本上它是卵生的一種適應演化，如孔雀魚、鯊魚和部分毒蛇就是；但在某些卵胎生的兩棲類中，受精卵的卵黃消耗完後，胚胎即依靠母體輸卵管所分泌的營養物質做為繼續成長的養分來源。

　　人類產生子代的方式是典型的胎生，整個過程從受精開始到分娩結束，平均歷時266天，但如果從最後一次月經出現的時間起算，則約是280天。

　　受精通常發生在卵細胞通過輸卵管前段的階段，之後受精卵被輸卵管內的纖毛運動推送到子宮，這段過程大約需要5～7天，且受精卵一路快速的分裂成一個「囊胚」。囊胚到達子宮後，會透過酶的作用將自己埋入子宮內膜裡面，這個現象在學理上稱為「著床」（圖6-21），而囊胚和子宮內壁組織會慢慢形成「胎盤」，隨後再形成「臍帶」，母體就是透過這兩個構造持續提供胚胎發育所需的營養。

　　受精後第九週，胚胎已具備人類的形態，四肢和主要器官都已形成，此時的胚胎在產科學上開始改稱為「胎兒」。胎兒在子宮內大約還要經過32週的時間，所有器官才會發育完全，而母體藉由子宮和陰道的收縮將胎兒產出的過程即是所謂的「分娩」。

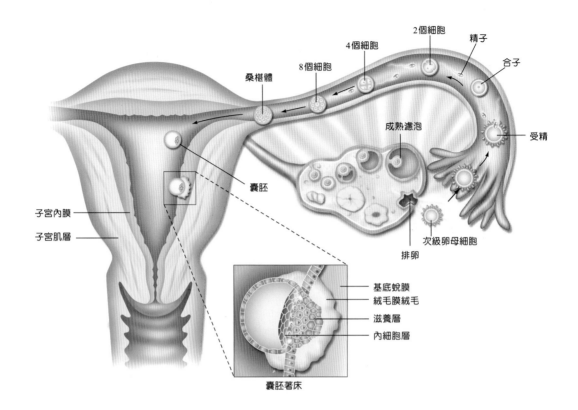

● 圖6-21　卵子在輸卵管受精後5～7天，受精卵已分裂成一個「囊胚」，囊胚到達子宮後會埋入子宮內膜裡面，這個現象在學理上稱為「著床」。

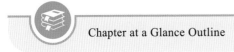 Chapter at a Glance Outline 本|章|綱|要

1. 動物的共同特徵是：都是多細胞生物、都是異營性生物。

2. 多細胞生物的發育過程中，除了細胞數量的增加外，同時也會讓形態功能相同的細胞轉變成形態功能各異的細胞，這種現象稱為細胞的「分化」。

3. 形狀功能相似的細胞聚集在一起稱為「組織」；結合不同的組織才能形成「器官」，而動物生理上，數個器官依一定的順序排列，以完成某些特定功能的組合就稱為「系統」。

4. 人體的組織可分為上皮組織、結締組織、神經組織和肌肉組織四種。

5. 人體的系統，依其功能可分為運動、神經、呼吸、循環免疫、內分泌、消化、排泄、生殖等八大系統。

6. 人體的運動系統主要由軟骨、硬骨、關節和骨骼肌所構成，既是人體的支架，也是表現各種運動現象的主要構造。

7. 神經細胞又稱為神經元，是構成神經系統的基本單位。腦、脊髓、神經三者共同形成人體的神經系統，在解剖學上把它區分為中樞神經系統與周圍神經系統兩部份。

8. 周圍神經系統依據其特質和傳導方向可分為感覺神經、運動神經、混合神經。運動神經可再區分為體神經與自主神經。

9. 人體的呼吸系統包括鼻腔、咽喉、氣管和肺臟，氣體的交換在肺泡裡進行。肺臟本身沒有運動能力，造成它膨脹吸氣和收縮呼氣的力量是來自胸腔的呼吸動作。

10. 動物的循環系統由心臟、血管和血液三部分所構成，可分為閉鎖式和開放式兩種類型。

11. 動物體內的某些器官，會釋放出某種成分特殊的物質去影響某一項特定的生理作用，這類的器官稱為內分泌腺，所分泌的物質則稱為荷爾蒙或激素。

12. 人體的內分泌器官包括腦下腺、甲狀腺、副甲狀腺、胸腺、胰島腺、腎上腺、性腺等。

13. 動物的消化系統分為「囊狀消化系統」和「管狀消化系統」兩種型態。人體的消化道依序為口腔、咽喉、食道、胃、小腸、大腸和肛門。

14. 動物的排泄系統各有不同，渦蟲是以排泄管收集含氮廢物和多餘的水分，蚯蚓以腎管和腎孔來完成同樣的功能，昆蟲的排泄統系統則稱為馬氏管。

15. 人體的排泄系統，廣義的應該包括肺臟、消化道、皮膚和泌尿系統。肺排除二氧化碳，消化道排除紅血球老死所產生的膽紅素，而皮膚和泌尿系統則負責排除含氮廢物和多餘的水分。

16. 男性生殖系統由睪丸、副睪、輸精管、精囊、射精管、前列腺、尿道球腺、陰莖等所構成。女性生殖系統由卵巢、輸卵管、子宮、陰道、小陰唇、大陰唇所構成。

學|習|評|量

1.　動物的共同特徵是：都是＿＿＿＿＿＿生物、都是＿＿＿＿＿＿生物。

2.　生物獲得營養的方式中，可以自行將無機物轉變成有機物的稱為＿＿＿＿＿＿性，必須從別的生物身上攝取有機物的稱為＿＿＿＿＿性。

3.　動物的生理構造上，形狀功能相似的細胞聚集在一起稱為＿＿＿＿＿＿；數個器官依一定的順序排列，以完成某些特定功能的組合就稱為＿＿＿＿。

4.　人體的組織可分為上皮組織、結締組織、神經組織和肌肉組織四種；而皮膚、黏膜是屬於＿＿＿＿組織、血液是屬於＿＿＿＿組織。

5.　骨骼的基本構造由外而內分別是＿＿＿＿、骨質和＿＿＿＿三部分。而骨質間的＿＿＿＿有神經與血管通過。

6.　人體的中樞神經系統包括＿＿＿＿和＿＿＿＿。

7.　依據神經的特質和傳導方向可將神經分為三大類，將受器所接收的刺激傳回腦或脊髓的神經稱為＿＿＿＿＿神經，將腦的指令傳給肌肉或腺體稱為＿＿＿＿＿神經。

8.　人體的呼吸系統包括鼻腔、＿＿＿、＿＿＿和肺臟，氣體的交換在＿＿＿＿裡進行。

9.　動物的循環系統可分為閉鎖式和開放式兩種類型，蝗蟲是屬於＿＿＿＿式循環系統，鳥類是屬於＿＿＿＿式循環系統。

10.　人體的內分泌器官中，＿＿＿＿腺所分泌的部分激素會影響其他內分泌腺的作用，所以又有「主腺」之稱；而胰島腺所分泌的激素主要是＿＿＿＿和＿＿＿＿＿兩種，兩者共同作用發揮穩定血糖的功能。

11. 動物的消化系統分為「囊狀消化系統」和「管狀消化系統」兩種，水母是屬於_____狀消化系統，人類是屬於_____狀消化系統。

12. 人體的消化腺中，_____能製造膽汁注入十二指腸，作用是讓_____乳化以利後續消化。

13. 人體的排泄系統，廣義的應該包括_____、消化道、_____和_____系統。

14. 氨的毒性甚強，淡水魚類通常以大量的水將氨稀釋成淡尿液排出，但兩棲類、哺乳類為了減少浪費水分，氨會先在肝臟轉化成毒性較低的_____後再溶解成濃尿液排出，爬蟲類、鳥類等的氨則轉變成濃稠狀或固體狀的_____結晶排出體外。

15. _____是製造男性荷爾蒙和精子的器官，精子形成後先暫存於_____內，當性興奮啟動後，精子才沿著_____移向尿道。

16. 女性一次月經週期依序分成行經期、_____期、_____期和_____期四個階段。

🔍 解答 QR Code

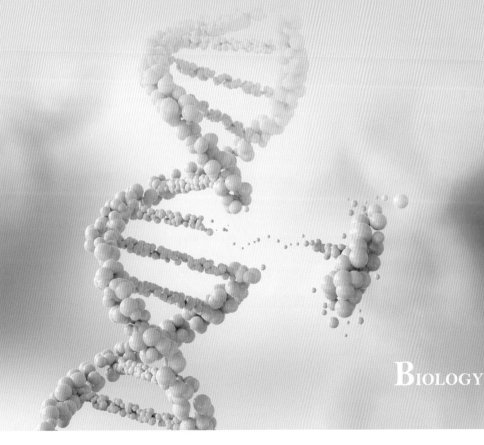

CHAPTER 7 生物的遺傳

BIOLOGY

華人有句俗話說「龍生龍、鳳生鳳」，表示親代與子代之間有必然的相似性；但另外有一個神話故事卻說「龍生九子、個個不同」，這又提示了子代的個體之間存在著某些差異，而如果將兩種說法合起來看，其實就已勾勒出遺傳學最主要的內容。至於學理上的定義，遺傳學(genetics)就是指研究親代如何運用遺傳物質將性狀傳遞給子代的科學，其中亦包含探討遺傳物質的構造和重組等範疇。

7-1 遺傳學的相關名詞

討論遺傳學之前，如果能先對一些相關的專有名詞建立清楚的概念，對後續的學習將有事半功倍的效果。而以下所列的，就是在解釋遺傳現象時所常用且必須了解的名詞。

一、同源染色體 (homologous chromosomes)

染色體位於細胞核內，平常是以染色質(chromatin)的狀態存在，只有在細胞分裂階段才會聚集成染色體。由於體細胞的染色體都是成對存在的，其中一邊來自個體的雄性親代，一邊來自雌性親代，所以兩者互稱為對方的同源染色體（圖7-1）。

二、基 因 (gene)

基因是指控制遺傳性狀的單位，其作用機制將於本章7-4中另加說明。在孟德爾的時代，由於尚未解開基因之謎，所以稱它為遺傳因子。基因在染色體上所在的位置稱為「基因座(loci)」，或稱為基因位點。

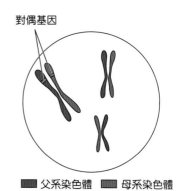

對偶基因

■ 父系染色體　■ 母系染色體

● 圖7-1 體細胞的染色體都是成對的，其中一邊來自父系，一邊來自母系，所以兩者互稱為對方的同源染色體。而同源染色體具有相同的基因座，如果一邊有某個基因，那另一邊的相對位置也有這個基因，這即是所謂的對偶基因。

三、對偶基因 (allele)

同源染色體上具有相同的基因座(locus)，意思是說，如果一邊的某個位置上有一個控制某性狀的基因，那另一邊染色體上的相對位置也有這個基因存在，所以這兩個基因稱為對偶基因（圖7-1）。

四、基因型 (genotype)

基因組合的型態稱為基因型，可以泛指整個生物的基因組合，也可以單就一對基因的組合型式來看。以顯隱遺傳為例，若是對偶基因的兩邊同為顯性、或同為隱性就稱為相同對偶基因；若是一邊顯性、一邊隱性就稱為相異對偶基因，這都在表示一種基因的組合型式。

五、外表型 (phenotype)

生物受基因影響而表現出來的性狀稱為外表型，可能是一種外觀的形貌，例如高矮和膚色，但也可能是生理上的某種特質，例如血型。

7-2　孟德爾的遺傳二定律與一法則

孟德爾於1822年出生於奧地利，由於成長於園藝世家，所以對植物有高度興趣，後來在教會推薦下進入維也納大學就讀，打下深厚的科學研究基礎。

從生物學發展史來看，孟德爾(1822～1884)和達爾文(1809～1882)是同一時代的人，而且兩人在生物學領域都具有深遠的影響和貢獻。達爾文年紀稍長，於1859年發表了曠世巨著－物種起源，而孟德爾則在七年後（1866年）提出他歷時八年的豌豆實驗論文，其內容經後人慢慢理解歸納，最終成為著名的「孟德爾遺傳二定律與一法則」。

● 圖7-2　孟德爾在尚未了解細胞和染色體的時代即已提出遺傳學的重要定理，在生物學領域具有崇高的地位。

孟德爾提出豌豆遺傳實驗結果的時代，細胞學說(1838)只略具雛形，當時他對遺傳因子與性狀的關係，完全是以統計學的方式推算得知的，直到八十幾年後，華生和柯立克發現了DNA的雙螺旋結構（1953年，Watson & Crick），孟德爾遺傳定律的運作機制才被完全解開，也更確定他在生物學領域的崇高地位（圖7-2）。

一、顯隱性法則

孟德爾從豌豆的實驗結果發現，相對的兩個純種性狀，經交配後只有一種性狀會表現在子代上，而另一個性狀會被掩蓋，表現出來的性狀稱為顯性，被掩蓋的則稱為隱性。這就是孟德爾的顯隱性法則。

在實際的豌豆實驗中，孟德爾發現紫花是顯性、白花是隱性；豆皮圓潤的是顯性、皺縮的是隱性（圖7-3）。而在其他動物和人類身上也可以發現這樣的遺傳特質，例如人類的耳垂與臉頰分離的是顯性、耳垂緊黏臉頰的是隱性。

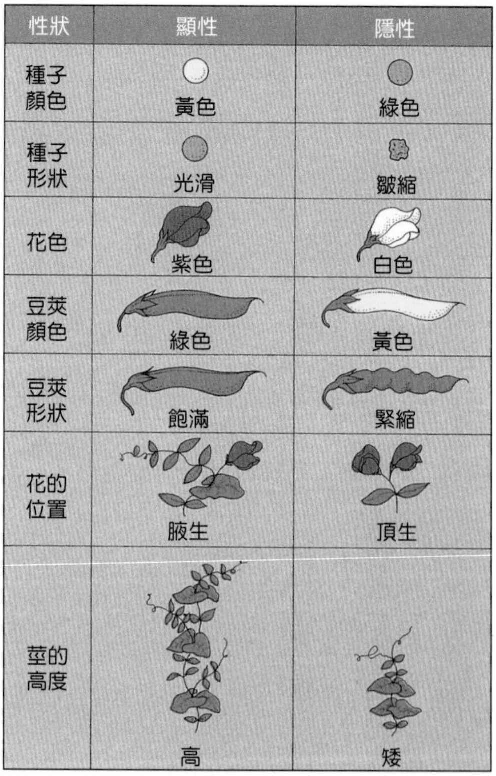

二、分離律

孟德爾以統計學推算碗豆實驗的結果，提出生物的性狀是由成對的遺傳因子所控制，而此成對的遺傳因子在形成配子的過程中會相互分離。這就是孟德爾的第一遺傳定律－分離律。

近代人類對細胞、染色體和基因的構造已經有更深入的了解，也證明分離率的根本原因就是減數分裂時發生了同源染色體相互分離的現象，因此對偶基因才會被拆開而分配到不同的配子裡面。

性狀	顯性	隱性
種子顏色	黃色	綠色
種子形狀	光滑	皺縮
花色	紫色	白色
豆莢顏色	綠色	黃色
豆莢形狀	飽滿	緊縮
花的位置	腋生	頂生
莖的高度	高	矮

● 圖7-3 孟德爾在豌豆實驗中發現的七種顯隱性狀。

三、自由配合律

　　孟德爾的第二遺傳定律稱為自由配合律，他認為控制性狀的各對遺傳因子是各自獨立的，而在形成配子時，分開後的各個遺傳因子可以自由分配到不同的配子裡面。舉例來說，如果有Aa、Bb、Cc三對各自獨立的遺傳因子，在形成配子時都會相互分離（分離律），之後一個配子裡面只會得到每對遺傳因子中的一個，但究竟會得到怎樣的遺傳因子組合是以自由配合的方式隨機形成的，可能會出現具有A、B、C三個遺傳因子的組合，也可能是A、B、c，或a、B、C等等各種不同的情況。

　　以現在對遺傳學的了解，自由配合律的根本原因也是因為減數分裂將同源染色體分開後，各染色體會以隨機的方式分配到配子細胞裡面，但這不包括位於同一條染色體上的基因，因為基本上它們是互相連鎖而無法分離的。

7-3　其他遺傳法則

　　孟德爾的研究開啟了遺傳學的大門，而在後人的持續努力下，人類對遺傳原理有了更廣泛的認識。因此，除了孟德爾遺傳二定律與一法則外，還有一些不同的遺傳法則被陸續發現，比較重要的如中間型遺傳、複數對偶基因遺傳、多基因遺傳、性別遺傳、性聯遺傳等。

一、中間型遺傳

　　中間型遺傳與顯隱遺傳的差別是，當兩個相對的純種遺傳性狀交配後，雙方的性狀都不會出現，而是以中間型的性狀表現在子代身上。

　　中間型遺傳的子代性狀表現方式又區分為「不完全顯性(incomplete dominance)」和「共顯性(codominant)」兩種型態，前者如紅色花和白色花交配產生粉紅色花的後代（圖7-4）；而後者如黑毛狗和白毛狗生出白底黑斑或黑底白斑的小花狗（圖7-5）。

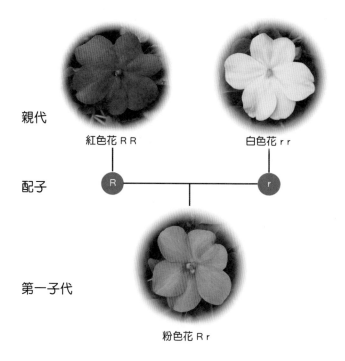

親代
紅色花 R R   白色花 r r

配子
R   r

第一子代

粉色花 R r

☾ 圖7-4   紅色花和白色花交配後產生粉紅色花的後代,是一種「不完全顯性」遺傳。

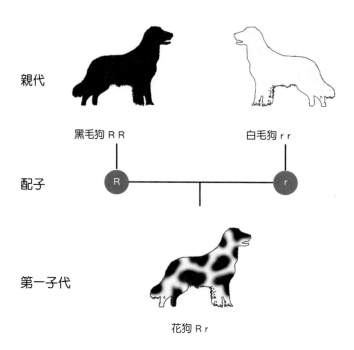

親代
黑毛狗 R R   白毛狗 r r

配子
R   r

第一子代

花狗 R r

☾ 圖7-5   黑毛狗和白毛狗生出小花狗,是一種「共顯性」遺傳。

二、複數對偶基因遺傳

　　從一個族群的基因庫來看，如果控制某個性狀的基因有兩個以上，但在單一個體身上，只能任取兩個基因成為對偶，再以此對偶基因的組合形式來決定遺傳性狀的表現，這種遺傳方式稱為複數對偶基因(multiple alleleds)遺傳，人類的血型遺傳就是一例。

　　人類的基因庫裡面可以決定血型的基因有I^A、I^B、i三個，但每個人身上只能得到其中的兩個基因成為對偶，一個來自父親，一個來自母親，所以血型可以當作判斷血緣關係的基本依據。三個基因當中，I^A決定血型為A型；I^B決定血型為B型；i決定血型為O型，但三者之間的顯隱關係是，I^A、I^B對i是顯性，而I^A與I^B卻是共顯性。因此，當基因型為I^AI^A或I^Ai時，血型為A型；基因型為I^BI^B或I^Bi時，血型為B型；基因型為I^AI^B時，血型為AB型；基因型為ii時血型為O型（表7-1）。

● 表7-1　各種血型的基因型

血　型	基因型
A	I^AI^A　或　I^Ai
B	I^BI^B　或　I^Bi
AB	I^AI^B
O	ii

三、多基因遺傳

　　在實際的遺傳機制中，基因與性狀之間不絕對是一對一的關係，有時候一對基因可以控制很多個性狀，這叫做「基因的多效性」；相對的，有些性狀卻是由多個或多對基因所控制的，這就叫做多基因遺傳(polygenic)。

7-A ・血型特質在醫學上的影響

所謂A型血、B型血、AB型血和O型血是代表血液的一種生理性狀，A型血的紅血球表面有A抗原，B型血的紅血球表面有B抗原，AB型血的紅血球表面則同時有A抗原和B抗原，但O型血的紅血球表面卻沒有抗原存在。

所謂「抗原」是免疫學上的一個名詞，作用是讓免疫系統當作分辨敵我的標記，例如細菌身上就帶著一些人體所沒有的抗原，當它侵入人體，人體的免疫系統就據此判斷它是外來的異物，繼而啟動免疫系統將它消滅掉。同樣的道理，如果將A型血打入B型者體內，A型血球會被視為有害的入侵物，於是引發劇烈的免疫反應，嚴重時甚至造成死亡。所以在輸血時，同型血相輸是最安全的選擇，但不得已時，可以將O型血輸到其他血型者身上，因為O型紅血球表面沒有抗原，所以比較不會引起受血者的免疫反應（圖7-A1）。

血型除了有A、B、O之分外，另外還有一個在醫學上不可忽略的特質，那就是Rh因子。Rh因子是血液中的另一種抗原，帶有這種抗原的人稱為Rh陽性，反之則是Rh陰性，如果某人的血型為O型但帶有Rh因子，那在醫學上就以「O$^+$」來表示，若是B型但沒有Rh因子，就以「B$^-$」來表示，以此類推。輸血時同樣要顧慮Rh因子的影響，Rh陽性的血液不可以輸給Rh陰性者使用。

Rh因子的另一個影響會發生在產婦和胎兒之間。如果產婦是Rh陰性，但胎兒繼承父親的特質是Rh陽性，那在生產時只要有一點點胎兒的血液入侵到母體裡面，母親就會產生對抗Rh因子的Rh抗體，雖然這對已出生的胎兒並不會有影響，但如果母親再度懷有Rh陽性的胎兒時，母親的免疫系統就會攻擊胎兒，造成母子陷入危險，所幸現在已有藥物可以避免發生這種情況。

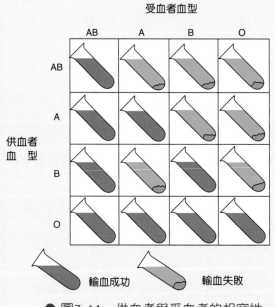

● 圖7-A1　供血者與受血者的相容性。

多基因遺傳的實例如人類的膚色、身高、智力等性狀，是以顯性基因數量的多寡來決定性狀的表現程度。從目前已知的人類膚色差異來推算，科學家相信控制人類膚色的基因應該有四對以上，而膚色的深淺，則由個體所擁有的顯性基因多寡來決定（圖7-6），至於決定人類身高、智力的基因究竟有多少，目前尚未確知。

● 圖7-6　控制人類膚色的基因超過四對，膚色的深淺程度，由顯性基因的多寡來決定。

四、性別遺傳

生物的基因組合中，有一對基因可以決定該生物的性別，這對基因稱為性別基因，而性別基因所在的染色體則稱為性染色體。

人類的性別遺傳是由X基因和Y基因來決定的，已知男性的性別基因組合是XY，女性的則是XX。因此，男性經由減數分裂所產生的精子，一半是帶著X基因，另一半是帶著Y基因，但女性的卵子則都只有X基因而已。當X精子與卵結合，生下的就是女性，Y精子與卵結合就會生下男性。但並非所有動物的性別遺傳都和人類一樣，有另一些生物的性別遺傳正好與人類相反，例如鳥類和蛾類，稱為ZW系統，以和XY系統的性染色體區別，它們雄性的基因組合是ZZ，雌性的基因組合是ZW。

雖然「不是男人就是女人」好像是天經地義的事，但事實上在性別遺傳的過程中，偶爾也會出現性別異常的現象。目前已知造成性別異常的主要原因，是精子或卵子在減數分裂過程中發生了染色體不分離的問題，於是出現了同時帶有兩

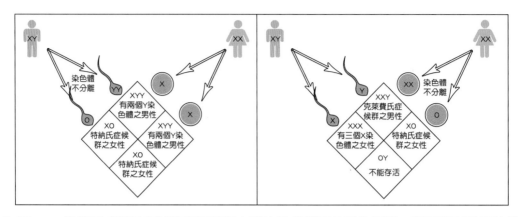

● 圖7-7　當精子或卵子在減數分裂過程中發生染色體不分離的問題，就可能出現同時帶有兩個Y染色體或兩個X染色體的異常生殖細胞。如果這些異常細胞受精成功，就會出現性別異常的個體。

個Y染色體或兩個X染色體的異常生殖細胞。如果這些異常細胞受精成功，就可能出現帶著XXX、或XXY、或XYY、甚至有XXXY、XXYY染色體的個體（圖7-7）。其中XXX接近正常的女性，而XXY和XYY則基本上都是男性，但前者的生殖器官短小，甚至有乳房等女性性徵，後者則是身材魁武且可能有暴力傾向。至於XXXY、XXYY的個體在醫學上稱為真性陰陽人，由於基因交互作用的結果，體內可能同時具有男性和女性兩套生殖系統，但兩者都發育不全，無法發揮正常功能。

五、性聯遺傳

　　有些性狀的基因位於性染色體上，所以其性狀表現與性別有連鎖關係，這種遺傳稱為性聯遺傳(sex-linked)，例如人類的紅綠色盲和血友病都是。

　　要討論性聯遺傳之前，要先知道人類X染色體和Y染色體的差異。人體的23對染色體中，其中22對都大小相當也具有相同的基因座，惟獨性染色體例外。如果用顯微鏡比較X染色體和Y染色體，會發現Y染色體的上下兩端都少了一小段，但在X染色體多出來的位置上卻都還有一些基因存在，例如分辨紅綠顏色的辨色基因和凝血基因即是（圖7-8）。換句話說，女性控制這兩個性狀的基因是成對的，但男性卻只由X染色體上的單一基因在決定。

辨色基因和凝血基因都是以顯隱方式遺傳，顯性是辨色力和凝血作用正常，隱性則是紅綠色盲和血友病。以紅綠色盲為例，由於Y染色體上沒有辨色力基因，所以男性是否為紅綠色盲只由X染色體上的基因來決定，也就是說男性只要X染色體出現隱性的辨色基因，那他就是一個紅綠色盲。但在女性方面，如果只有一個X染色體帶隱性基因是不會出現症狀的，因為另一個X染色體上的顯性基因還是具有正常功能，只有在兩個X染色體上都帶有隱性基因時才會表現出症狀。

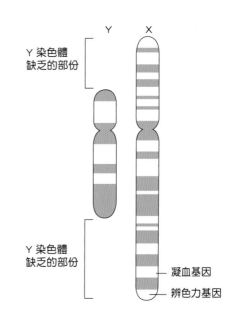

● 圖7-8　Y染色體的上下兩端都比X染色體少了一小段，但在X染色體多出來的位置上卻還有一些基因存在，例如分辨紅綠顏色的辨色基因和凝血基因即是。

由於紅綠色盲的基因只存在X染色體上，因此對一個男性紅綠色盲來說，他一定會將這個隱性基因傳給女兒，但如果他妻子的兩個X染色體都正常的話，女兒也只是帶著一個隱性基因，不會出現紅綠色盲的症狀。不過，當這個女兒結婚生子時，即使她嫁給一個正常的男性，她的兒子卻有50%的機率是紅綠色盲；而若是他先生也是紅綠色盲，那他們的兒子、女兒都有50%的機率是紅綠色盲（圖7-9）。

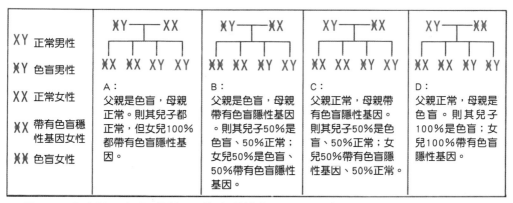

● 圖7-9　色盲基因在各種情況下的出現機率。

7-4　DNA的構造與複製

　　細胞中的遺傳物質，如果以分子結構的大小來區分其等級，那染色體最大，其次是染色質，再來是DNA，最小的則是核苷酸分子。更詳細的說，染色體是由染色質聚集而成，而染色質的主要成分是DNA和蛋白質，其中DNA是表現遺傳功能的重要分子，中文名稱為「去氧核糖核酸」，是由兩條核苷酸分子鏈相互旋轉而成。

一、DNA的雙螺旋結構

　　構成DNA的基本單位是核苷酸，每個核苷酸分子以一個去氧核糖為中心，兩端各接一個磷酸根和鹼基，但鹼基有四種，分別是腺嘌呤（代號A）、胸腺嘧啶（代號T）、鳥糞嘌呤（代號G）、胞嘧啶（代號C）（圖7-10）。

　　核苷酸分子之間會以磷酸根相連而變成一條很長的核苷酸分子鏈，兩條核苷酸分子鏈相互旋轉成螺旋狀，就是所謂的DNA雙螺旋結構，但在兩條核苷酸分子鏈之間有一種特殊的對應關係，如果一邊的核苷酸帶著A鹼基，那對面相對位置

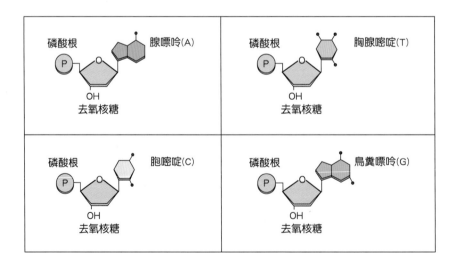

● 圖7-10　核苷酸分子以一個去氧核糖為中心，兩端各接一個磷酸根和鹼基，但鹼基有四種，分別是腺嘌呤(A)、胸腺嘧啶(T)、鳥糞嘌呤(G)、胞嘧啶(C)。

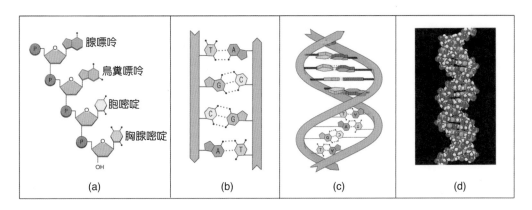

● 圖7-11　(a)核苷酸分子之間以磷酸根相連形成核苷酸分子鏈。(b)兩條核苷酸分子鏈之間，鹼基A與T、C與G以氫鍵拉在一起。(c)兩條核苷酸分子鏈相互旋轉成螺旋狀，就是所謂的DNA雙螺旋結構。(d)DNA雙螺旋結構的模型。

的核苷酸就會帶著T鹼基；如果一邊是C鹼基，那另一邊就一定是G鹼基。也就是說，DNA的兩條核苷酸分子鏈的鹼基一定會有A和T、G和C的對應關係。至於為何會有這樣的現象，那是因為只有A和T、G和C之間才能形成氫鍵而將兩條分子鏈拉在一起（圖7-11）。

二、DNA的複製

　　細胞分裂前的染色體複製，其實是根源於DNA的複製。其作用機制是從DNA的雙螺旋構造相互分離開始，於是兩條核苷酸分子鏈暴露出來的鹼基，會依其對應關係各自從細胞核中抓取核苷酸分子，最後新的核苷酸分子再以磷酸根前後相連恢復成鏈狀（圖7-12）。

　　換個方式說，DNA的雙螺旋構造分離後，如果把這兩條核苷酸分子鏈視為舊股，那舊股就會依據鹼基對應關係各自去形成新股，當整個過程結束後，會出現兩組DNA雙螺旋構造，每組都各自包含一條舊股和一條新股，而且因為鹼基對應關係的牽制，這兩組DNA和複製前的DNA，三者的鹼基順序會完全相同。所以不論染色體複製幾次、分裂幾次，其DNA的組成還是與最初的母細胞一模一樣。

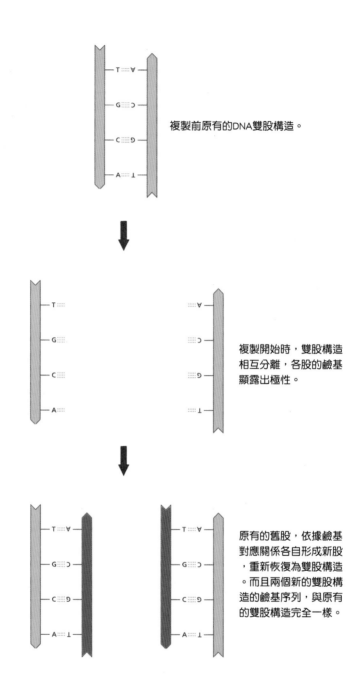

複製前原有的DNA雙股構造。

複製開始時，雙股構造相互分離，各股的鹼基顯露出極性。

原有的舊股，依據鹼基對應關係各自形成新股，重新恢復為雙股構造。而且兩個新的雙股構造的鹼基序列，與原有的雙股構造完全一樣。

● 圖7-12　DNA的複製機制從雙螺旋構造相互分離開始，兩條核苷酸分子鏈依鹼基對應關係各自形成新鏈恢復成雙股構造。

7-5 遺傳訊息的傳遞

基因可以控制遺傳性狀的表現已是遺傳學上的基本概念，但如果要進一步了解其調控機制，那就需要先討論一下生物究竟用什麼方式形成其獨有的生理特質。

用簡單一點的方式來比喻，人和猩猩不論外觀或生理特質都不相同，甚至親兄弟也長得不一樣，這表示兩者的性狀不同，但如果追究是什麼造成性狀不同，有一個不能忽略的關鍵因素就是彼此的蛋白質特性不一樣。那蛋白質與性狀的關係又是什麼呢？

由於生物細胞在合成所需的物質時，都需要酵素參與，而酵素幾乎都是由蛋白質所構成的。所以，如果連貫起來並簡化的說，基因與性狀的關係是：基因決定了蛋白質的構造，蛋白質形成了酵素，酵素決定了細胞產物和型態，而細胞型態最終表現為生物的性狀（圖7-13）。

如果可以理解上述的性狀表現流程，那還要更深入探討的應該是「基因究竟如何決定蛋白質構造」這一段，而這個機制其實是DNA和RNA共同合作，經由「轉錄作用」與「轉譯作用」所展現出來的具體成果。

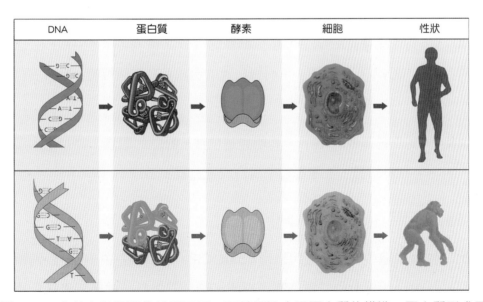

● 圖7-13　由於人與猩猩的基因不同，而基因決定了蛋白質的構造，蛋白質形成了酵素，酵素決定了細胞產物和型態，細胞型態最終表現出人與猩猩的不同性狀。

一、RNA的構造與功能

RNA的中文名稱為核糖核酸，它的構造與DNA類似，也是由核苷酸所構成的大形鏈狀分子，但它與DNA有三點不同。第一，RNA為單股構造，DNA為雙股構造。第二，RNA的核苷酸分子是由核糖、磷酸根和鹼基所構成，而DNA的核苷酸分子則是以去氧核糖為中心。第三、RNA的鹼基是A、U、G、C，而DNA是A、T、G、C。至於尿嘧啶(U)的對應鹼基則是腺嘌呤(A)（圖7-14）。不過，細胞中的RNA依據其功能又分為下列三種：

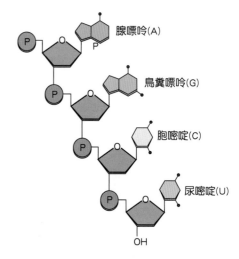

● 圖7-14　RNA也是一種單股的核苷酸分子鏈，每個核苷酸分子以核糖為中心，兩端接著磷酸根和鹼基。

（一）mRNA

mRNA稱為「傳訊者RNA」，是從DNA經由轉錄作用所形成的，功能是將DNA裡的遺傳訊息帶到核糖體去指導蛋白質的合成。

（二）rRNA

rRNA稱為「核糖體RNA」，是核糖體的成分之一，功能是協助mRNA與核糖體結合成「mRNA-核糖複體」，而蛋白質的合成就在這個複體上進行。

（三）tRNA

tRNA稱為「轉運者RNA」，其功能是依據mRNA的訊息，將指定的胺基酸搬到「mRNA-核糖複體」上連接起來而合成蛋白質。

二、轉錄作用 (transcription)

DNA雙股構造中，有一股可以形成mRNA的稱為轉錄股，另一股則稱為不轉錄股。而DNA轉錄股依其鹼基順序形成mRNA的機制，就稱為轉錄作用（圖7-15）。

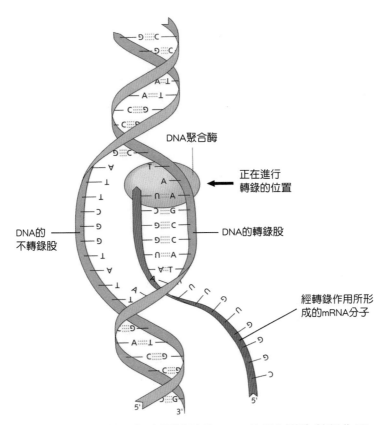

DNA聚合酶

正在進行
轉錄的位置

DNA的轉錄股

DNA的
不轉錄股

經轉錄作用所形
成的mRNA分子

◖ 圖7-15　DNA的轉錄股依據鹼基對應關係形成mRNA的機制稱為轉錄作用。

　　何以稱為「轉錄」，意思是說mRNA的鹼基順序是依據DNA的鹼基順序錄製過來的，兩者之間存在絕對性的對應關係，這樣才能將DNA的遺傳訊息精確的傳達給核糖體。舉例說明，如果DNA轉錄股的鹼基序列是CGA-TTT-AGA，那mRNA的鹼基序列就會是GCU-AAA-UCU。

三、轉譯作用 (translational)

　　tRNA依據mRNA的鹼基序列，將指定的胺基酸搬到「mRNA-核糖複體」上合成蛋白質的機制稱為轉譯作用（圖7-16）。

　　蛋白質是由胺基酸所構成的，不同的蛋白質，差別就在胺基酸的數量或排列順序不一樣。也就是說，任何蛋白質都有其獨有的胺基酸數量和順序，而DNA就是運用鹼基順序來控制胺基酸的排列組合，藉此達到指定合成所需蛋白質的效果。

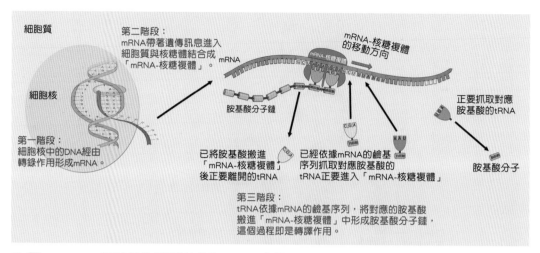

● 圖7-16 DNA經轉錄作用所形成的m-RNA會進入細胞質和核糖體結合成「mRNA-核糖複體」，而tRNA依據mRNA的鹼基序列，將指定的胺基酸搬到複體上合成蛋白質的機制稱為轉譯作用。

至於ＤＮＡ鹼基順序與胺基酸之間的對應關係，科學家已有足夠的了解，目前確知DNA的鹼基是以「三個一組」形成一個遺傳密碼(genetic code)，當它轉錄成mRNA進入核糖體後，tRNA就會將每一組密碼所對應的胺基酸依序搬進「mRNA-核糖複體」裡面連接成胺基酸分子鏈。而mRNA密碼與胺基酸的對應關係，科學家已經可以完全解讀如圖7-17所示之遺傳密碼解譯表。

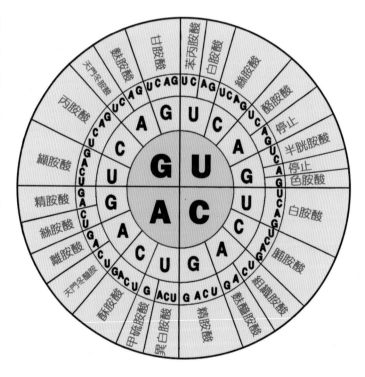

● 圖7-17　mRNA密碼解譯表。圖中最內圈代表m-RNA的第一個鹼基，第二圈代表的第二個鹼基，第三圈代表的第三個鹼基，而最外圈即是這組遺傳密碼所對應的胺基酸名稱。

再用前段的例子來說明，如果已知DNA轉錄股的鹼基序列是CGA-TTT-AGA，那mRNA的鹼基序列就是GCU-AAA-UCU。而根據這段mRNA鹼基序列查對遺傳密碼解譯表，就可知道該段DNA所指定合成的蛋白質之胺基酸順序是丙胺酸-離胺酸-絲胺酸。

7-6　遺傳工程與生物技術

人類從過去幾千年的生活經驗中，已經學會運用育種技術培養出更有經濟價值的禽畜或農作物，例如運用雜交方式培育長得更快的豬、或是穀粒更多的稻子等，這都算是遺傳學的運用實例。但到了二十世紀末期，由於人類對遺傳機制有了更進一步的了解，尤其在知道DNA如何以鹼基順序來控制蛋白質的形成之後，人類開始嘗試以生物技術解讀並改造DNA以達到改變生物性狀的目的，這就是所謂的遺傳工程(genetic engineering)。

遺傳工程的操作技術牽涉到許多精密儀器與酶的運用，但基本流程大概可以分成下列四個步驟：

1. 取出生物細胞的DNA，解讀其鹼基序列，找出想要改變的基因位置。

2. 將基因所在的片段切除，以修改過或從其他生物取得的基因片段置換被切除的基因。

3. 將置換完成的DNA重新植入細胞內。

4. 檢驗並篩選被修改的細胞是否可以表現預期的性狀。

舉例來說，製藥工業已經在1978年以遺傳工程成功的製造出人工胰島素，其基本原理就是先解讀出人體製造胰島素的DNA片段，再將此段DNA轉移到大腸桿菌中，那這種大腸桿菌就可以合成人體的胰島素，並且其後代也都可以保留

這樣的特質。而這種經由基因工程所改造過的大腸桿菌，基本上已經與原生的大腸桿菌不同，所以稱為「基因轉移生物」。

基因轉移技術早期大多是以細菌為對象，但目前即使在哺乳動物也可以成功運用，例如醫學上已經將愛滋病毒的基因轉移到實驗鼠上以供研究，也將人體的基因轉移到綿羊身上，讓綿羊的乳汁中含有人

● 圖7-18　市面上的「基因改良食品」即是以基因轉移作物為原料所製造。

類的蛋白質以提供萃取為藥物。基因轉移技術更廣泛的運用在大豆、玉米、小麥、番茄等作物之上，這些基因轉移作物有些是比正常的物種具有更高的抗蟲性或抗除草劑的能力，有些則是更耐儲藏或提高營養，而由這類基因轉移作物為原料所製造的食品即是市面上所稱的「基因改良食品」（圖7-18）。

基因改良食品的安全性和遺傳工程的正當性目前還在討論當中，有些學者認為基因轉移生物可能會造成生態系的改變，而基因改良食品也可能帶來營養代謝和健康方面的隱憂，不過究竟其長遠的影響為何，現在仍然眾說紛紜，目前為止，未有明確的證據指明基改食物和疾病間的絕對關連性，也有研究指出，造成疾病風險的並非基改食物本身，而是可能來自於基改作物專用的除草劑成分，因此，是否要食用基因改良的食品，取決於個人的價值自由判斷。但關於生物間的基因轉移，在自然情況下並非不會發生，不同物種間，可以透過「基因水平轉移」或「基因側向轉移」的方式交換基因，例如蚜蟲從真菌取得製造類胡蘿蔔素的基因即是，遺傳工程只是模仿這個自然的過程罷了。

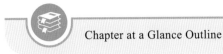

Chapter at a Glance Outline 本｜章｜綱｜要

1. 與遺傳學有關的專有名詞整理如下：

   (1) 同源染色體：體細胞的染色體都成對存在，其中一邊來自個體的雄性親代，一邊來自雌性親代，所以兩者互稱為對方的同源染色體。

   (2) 基因：位於染色體上，是控制遺傳性狀的單位。

   (3) 對偶基因：位於同源染色體上相對基因座的兩個基因稱為對偶基因。

   (4) 基因型：基因組合的型態稱為基因型，可以泛指整個生物的基因組合，也可以單就一對基因的組合形式而言。

   (5) 外表型：生物受基因影響而表現出來的性狀稱為外表型。

2. 孟德爾遺傳二定律與一法則如下：

   (1) 顯隱性法則：相對的兩個純種性狀，經交配後只有一種性狀會表現在子代上，而另一個性狀會被掩蓋，表現出來的性狀稱為顯性，被掩蓋的則稱為隱性。

   (2) 分離律：生物的性狀是由成對的遺傳因子所控制，而此成對的遺傳因子在形成配子的過程中會相互分離。

   (3) 自由配合律：控制性狀的各對遺傳因子是各自獨立的，而在形成配子時，分開後的各個遺傳因子可以自由分配到不同的配子裡面。

3. 中間型遺傳是指兩個相對的純種遺傳性狀，交配後這兩個性狀都不會出現，而是以中間型性狀表現在子代身上。可分為「不完全顯性」和「共顯性」兩種形態。

4. 從一個族群的基因庫來看，如果控制某個性狀的基因有兩個以上，但在單一個體身上，只能任取兩個基因成為對偶，再以此對偶基因的組合形式來決定遺傳性狀的表現，這種遺傳方式稱為複數對偶基因遺傳，例如人類的血型遺傳即是。

5. 有些遺傳性狀是由多個或多對基因所控制的，這叫做「多基因遺傳」。實例如人類的膚色、身高、智力等性狀，是以顯性基因數量的多寡來決定性狀的表現程度。

6. 生物的基因組合中，有一對基因可以決定該生物的性別，這對基因稱為性別基因，而性別基因所在的染色體則稱為性染色體。人類的性別遺傳是由X基因和Y基因來決定的，已知男性的性別基因組合是XY，女性的則是XX。

7. 有些性狀的基因位於性染色體上，所以其性狀表現與性別有連鎖關係，這種遺傳稱為性聯遺傳，例如人類的紅綠色盲和血友病都是。

8. 細胞中的遺傳物質，如果以分子結構的大小來區分其等級，那染色體最大，其次是染色質，再來是DNA，最小的則是核苷酸分子。

9. DNA的中文名稱為去氧核糖核酸，基本的構造單位是核苷酸，核苷酸分子之間會以磷酸根相連而變成一條很長的核苷酸分子鏈，兩條核苷酸分子鏈相互旋轉成螺旋狀，就是所謂的DNA雙螺旋結構。

10. 每個核苷酸分子包括一個去氧核糖、一個磷酸根、一個鹼基。鹼基有四種，分別是腺嘌呤（代號A）、胸腺嘧啶（代號T）、鳥糞嘌呤（代號G）、胞嘧啶（代號C）。而兩條核苷酸分子鏈之間的鹼基，必定A與T、C與G相互對應。

11. 基因控制性狀的機制是：基因決定了蛋白質的構造，蛋白質形成了酵素，酵素決定了細胞產物和型態，而細胞型態最終表現為生物的性狀。

12. RNA的中文名稱為核糖核酸，構造與DNA類似，也是由核苷酸所構成的大形鏈狀分子，但與DNA有三點不同。第一，RNA為單股構造，DNA為雙股構造。第二，RNA的核苷酸分子中心是核糖，而DNA則是去氧核糖。第三、RNA的鹼基是A、U、G、C，而DNA則是A、T、G、C。

13. RNA依據其功能分為下列三種：

(1) mRNA：稱為「傳訊者RNA」，功能是將DNA裡的遺傳訊息帶到核糖體去指導蛋白質的合成。

(2) rRNA：稱為「核糖體RNA」，功能是協助mRNA與核糖體結合成「mRNA-核糖複體」，而蛋白質的合成就在這個複體上進行。

(3) tRNA：稱為「轉運者RNA」，其功能是依據mRNA的訊息，將指定的胺基酸搬到「mRNA-核糖複體」上連接起來而合成蛋白質。

14. DNA轉錄股依其鹼基順序形成mRNA的機制，稱為「轉錄作用」。

15. tRNA依據mRNA的鹼基序列，將指定的胺基酸搬到「mRNA-核糖複體」上合成蛋白質的機制稱為「轉譯作用」。

16. 以生物技術解讀並改造DNA以達到改變生物性狀的目的，就是所謂的「遺傳工程」。經由基因工程改造過的生物稱為「基因轉移生物」。由基因轉移作物為原料所製造的食品即是市面上所稱的「基因改良食品」。

 Review Activities

 學│習│評│量

1. 位於同源染色體上相同基因座的成對基因稱為＿＿＿＿＿＿基因。

2. 孟德爾遺傳三定律的名稱分別是：＿＿＿＿＿＿律、＿＿＿＿＿＿律、
＿＿＿＿＿＿律。

3. 中間型遺傳的表現方式分為兩種類型，例如紅色花和白色花交配產生粉紅色
花後代的是＿＿＿＿＿遺傳；黑毛狗和白毛狗生出小花狗的是＿＿＿＿＿
遺傳。

4. 如果控制某個性狀的基因有兩個以上，但在單一個體身上，只能任取兩個基
因成為對偶來決定遺傳性狀的表現，這種遺傳方式稱為＿＿＿＿＿遺傳。

5. 如果父親的血型是AB型、母親的血型是O型，則其子女的血型是＿＿＿＿＿
型或＿＿＿＿＿型。

6. 如果一對基因可以控制很多個性狀，這叫做＿＿＿＿＿。

7. 如果某性狀是由多個或多對基因所控制的，這種遺傳稱為＿＿＿＿＿遺傳，
如人類的膚色。

8. 如果父親是紅綠色盲、母親帶有一個紅綠色盲隱性基因，則其兒子是紅綠色
盲的機率是＿＿＿＿%；女兒是紅綠色盲的機率是＿＿＿＿%。

9. DNA的中文名稱是＿＿＿＿＿＿＿＿＿＿。構成DNA的基本單位是核苷
酸，每個核苷酸分子以一個＿＿＿＿＿為中心，兩端各接一個＿＿＿＿＿
和＿＿＿＿＿。

10. DNA與RNA分子構造的三項差異是：

(1)＿＿＿＿＿＿＿＿＿＿＿＿＿＿＿＿＿＿＿＿＿＿＿＿＿＿＿＿＿＿＿＿

(2)＿＿＿＿＿＿＿＿＿＿＿＿＿＿＿＿＿＿＿＿＿＿＿＿＿＿＿＿＿＿＿＿

(3)＿＿＿＿＿＿＿＿＿＿＿＿＿＿＿＿＿＿＿＿＿＿＿＿＿＿＿＿＿＿＿＿

11. RNA依據其功能可分為三種，其中轉錄作用所形成，可以將遺傳訊息帶到核糖體去的是_____。可以搬運胺基酸合成蛋白質的是_____。

12. tRNA依據mRNA的鹼基序列，將指定的胺基酸搬到「mRNA-核糖複體」上合成蛋白質的機制稱為_____作用。

13. 如果某段DNA轉錄股的鹼基順序ATG-TTA-GCA-AAA，則經轉錄作用所形成的mRNA之鹼基順序是_____-_____-_____-_____；再經轉譯作用所形成的胺基酸排列順序是_____-_____-_____-_____。

14. 以生物技術解讀並改造DNA以達到改變生物性狀的目的，就是所謂的_____。由基因轉移作物為原料所製造的食品即是市面上所稱的_____食品。

Q 解答 QR Code

生物學

BIOLOGY
MEMO

CHAPTER **8**

生物與環境

BIOLOGY

環境(enviroment)一詞的涵義甚廣，廣義的說，舉凡一切會影響生物活動、適應、分布、生育的因素，都算是該生物所處的環境組成條件，而研究生物與環境之間相互作用的科學，即是所謂的生態學(ecology)。

8-1　環境的構造

就學理上來分類，一個生物所處的環境可劃分為「內在環境」與「外在環境」兩大部份；而外在環境又區分為「生物性環境」與「非生物性環境」。

一、內在環境

生物為了和環境和諧互動，並提高自己對外界壓力的耐受性，必須維持內在生理的穩定。雖然，這種內在狀態可能因為演化差異而有所不同，但概括分析，恆定性與生理律動的綜合表現可視為一個生物的內在環境。

(一) 恆定性 (homeostasis)

恆定性包括細胞層級和個體層級的生理恆定，前者如滲透壓、電解質、酸鹼質的平衡，後者如恆溫動物的血壓、心跳、體溫都必須保持在一個固定的範圍內。如果恆定性受到破壞，生物可能會面臨立即的危險。

(二) 生理律動 (physiological rhythm)

從許多實際的例證發現，某些生物的生理或行為會因應外界的環境週期而產生規律性的變化，顯而易見的有睡眠律動、饑餓律動、發情律動等。例如人類即使在沒有時鐘提醒下，到用餐時間仍會有希望進食的饑餓感出現，但若錯過了這個饑餓

● 圖8-1　台灣的五色鳥只在春夏之間交配繁殖，這是一年一度的發情律動。

時段,食慾就減退了,這就是每個人都可體驗到的饑餓律動。野生動物方面,例如台灣大多數的野鳥,都在春夏之間才交配繁殖(圖8-1),珊瑚只在4~6月的滿月夜晚產卵,這都是一種配合季節或環境變化的發情律動。

二、外在環境

所有會影響生物行為和生理的外在因素構成生物的外在環境,這些因素包括理化性的和生物性的,前者是非生物性環境,後者是生物性環境。

(一) 非生物性環境

非生物性環境包括七種影響生物的環境因子,分別是媒質、基底、日光、水分、氣候、營養因子和環境週期。

1. 媒質 (medium)

媒質是生物與外界聯繫的介質,能夠提供生物有用的物質,相對的也把生物的代謝廢物帶走。例如魚類生活在水中,它們必須用鰓去吸取溶在水中的氧,也把代謝後的二氧化碳、氨,甚至是過多的鹽類排入水中,所以,水對魚而言就是它的媒質。

2. 基底 (substratum)

一個可以提供生物棲息或活動的物體表面稱為「基底」,它可以是陸地的表面或水的表面,但有某些特殊的生物則可能以樹木或金屬的表面做基底。例如人類以地表為基底,水黽以水面為基底(圖8-2),而長臂猿則以樹木為基底。

3. 日光 (sunlight)

日光是所有生物最原始的能量來源,它以輻射能的形式穿透氣層到達地球表面後,被綠色植物的

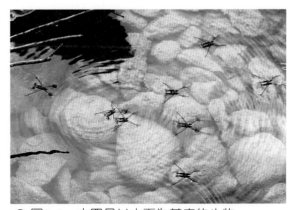

● 圖8-2　水黽是以水面為基底的生物。

光合作用轉變成化學能儲存在葡萄糖或其它碳水化合物裡面。此後，生物透過消化作用、呼吸作用、食物鏈等種種機制，讓能量在生態系中順暢的流動，因此日光在生態系中是一項絕不可缺的環境因子。

● 圖8-3　絕大多數的生物都必須適時補充水分以滿足代謝所需。

4. 水分（water）

水是新陳代謝所必需的溶劑，許多營養物質都溶解在水中被吸收，有些代謝廢物也必須溶解在水中排出體外，且是構成生物組織的重要成分（圖8-3）。

5. 氣候（climate）

天氣是指一天或一週內小區域短時間的大氣變化，氣候指的是某一地理區內長期性的大氣平均狀態，而氣象學上將日光、氣溫、氣壓、風、濕度、降水等稱為氣候六要素。

6. 營養因子（nutritional factors）

生物必須從環境中攝取營養以維持生命，但自營性與異營性生物所需的營養因子不同，前者如植物的光合作用，它們需要大量的碳、氫、氧、氮、磷、鉀等，而後者的營養來源則是從別的生物取得醣類、蛋白質、脂肪等。

7. 環境週期（environmental cycle）

因為地球自轉、公轉的運行，以及和月球、太陽相關位置的改變，會造成週期性的環境變化，這叫做環境週期。環境週期分為日週期、月週期、季節週期、潮汐週期等四種，不僅會影響生物的成長、繁殖等生理活動，也會影響動物的行為表現。

(二) 生物性環境

　　生物性環境包含生物和生物之間的一切互動關係，也就是生物間的交互作用。就目前所知，這些關係錯綜複雜，有時可能因時間、地點的差別而出現不同的變化，但就同一時空條件而言，生物間的關係在學理上可分為競爭、合作、片利共生、互利共生、寄生、抗生和捕食等七種。

1. 競爭 (competition)

　　生物或物種之間，因為對環境的需求部份或全部相同時就會發生競爭。這種關係隨處可見，例如兩隻同種的公鹿，平時要競爭空間、食物和水源，繁殖季節時還要爭奪配偶。但不同種生物之間的競爭關係也不勝枚舉，像在同一片草原上生存的斑馬和牛羚要競爭食物和空間；稻田裡的農作物與雜草要競爭陽光和營養，這些都是日常可見的競爭關係（圖8-4）。

◖ 圖8-4　生活在同一片草原上的斑馬和牛羚，彼此間有食物和空間的競爭。

2. 合作 (cooperation)

　　「合作」是兩生物生活在一起時可以互蒙其利，但如果分開，雙方也都還可以正常生存。所以這種關係對雙方而言都不是絕對必要的，只是在一起時，大家都更容易獲得生存所需而已。例如椋鳥啄食牛、羊皮膚上的寄生蟲（圖8-5）；小丑魚躲在海葵叢中；蜜蜂採食花蜜但也傳粉等都是。

◖ 圖8-5　椋鳥啄非洲水牛身上的寄生蟲，雙方互蒙其利但並非絕對必要，是一種合作關係。

3. 片利共生 (commensalism)

　　兩生物在一起時只有一方獲
利，另一方並無利害影響，而且雙
方沒有絕對性的依附關係，這種情
況叫做片利共生。以鷺鷥和黃牛為
例，鷺鷥喜歡棲息在黃牛的附近，
因為可以方便吃到被黃牛驚嚇飛起
的昆蟲。所以，對黃牛來說，有沒
有鷺鷥對它並沒有利害影響，但鷺
鷥卻因黃牛而得到好處，不過，如
果沒有黃牛，鷺鷥仍然可以自行覓
食，這就是片利共生（圖8-6）。另
外如許多蘭科植物或蕨類都依附在
大樹上以爭取更多的陽光，但並不
在大樹體內吸收營養，這是所謂的
「附生」，也算是一種片利共生的
型態。

4. 互利共生 (mutualism)

　　互利共生是兩個物種共同生
活，甚至是兩種個體緊密依附在一
起使雙方同時受益，且這種依存關
係一旦被分開，兩者都有損失甚至
不能繼續生存。較常見的互利共生實
例如鞭毛蟲和白蟻、珊瑚蟲與共生藻
（圖8-7）、藍綠菌和真菌共生形成
地衣等均是。

● 圖8-6　鷺鷥棲息在黃牛附近以方便吃到被
驚嚇飛起的昆蟲，但對黃牛並沒有利害影
響，是一種片利共生的型態。

● 圖8-7　共生藻在珊瑚體內可以吸收含氮代
謝物並進行光合作用，所得醣類會回饋給珊
瑚，兩者是互利共生關係，如果分開雙方都
有損失甚至死亡。

5. 寄生 (parasitism)

寄生關係的雙方，一方叫寄主，另一方叫寄生物或寄生蟲。寄生蟲從寄主的體液、組織或消化物中獲得生存所需，而寄主則會受到某種程度的危害（圖8-8）。因此，寄生是一種一方受益但另一方被害的生物性關係。

生物界的寄生關係變化繁多，學理上將他們分為體內寄生、體外寄生、單寄主寄生、多寄主寄生等多種型態。

● 圖8-8　葉片上的瘤狀物稱為「蟲癭」，是昆蟲將卵或幼蟲產入葉片組織中寄生的現象。

6. 抗生 (antibiosis)

抗生是指兩生物之間，一方分泌有毒物質抑制或毒害另一方的情況，而這種毒性物質即是所謂的抗生素(antibiotics)。在生物界中最常見的抗生關係發生在真菌和細菌之間，例如青黴菌可分泌青黴素使它附近的許多細菌受到抑制而無法生長，目的是要獨享環境中的營養來源，而醫學上便用這種物質來治療一些細菌性感染的疾病，像鏈黴素、金黴素等，都是由黴菌所分泌出來的抗生素。

7. 捕食 (predation)

捕食關係就是某生物捕捉另一生物來當食物，加害者一方稱為掠食者(predator)，受害者一方稱為犧牲者(prey)或獵物，例如獅子捕食瞪羚、鳥類捕食昆蟲。但捕食關係不一定只發生在動物與動物之間，動物將整棵植物拔起食用也是一種捕食關係，當然也有植物捕食動物的例子，像豬籠草消化掉昆蟲便是。

8-2　族群與群落

　　生態系中的生物組成可分為三個層級，依序是個體(individual)、族群(population)和群落(community)。個體是指生態系中的單一生物體，例如一個人、一棵杜鵑花、一隻螞蟻。族群又稱種群，是指某一段時間內，生活在同一區域內的所有同種生物。例如2009年太魯閣國家公園所有的台灣獼猴，或2008年陽明山國家公園所有的台灣藍鵲。而群落又稱群聚，是指某一生態區內所有生物族群的規律性組合。例如墾丁國家公園的生物組合、日月潭裡的生物組合等。

一、族群的成因

　　即使是有獨居習性的生物，例如台灣黑熊、孟加拉虎等，從整個地理區來看還是以族群的方式存在，那生物為何會聚集成族群？歸納起來，應該有下列三個原因：

（一）主動的移動

　　生物受到某種自發性因素驅使而聚集的族群是為主動族群，這些自發因素可能是「共同的趨向」或「相互的吸引」。例如水禽聚集在溼地覓食（圖8-9）、夏夜的路燈下經常有成群具趨光性的昆蟲群聚、黑面琵鷺為了躲避北方的低溫而一起到台灣過冬，都是因為共同的趨向所形成的族群。而剛孵化的椿象幼蟲，或是海裡的小魚會擠成一堆以降低被捕食的機率，則是相互吸引所形成的族群。

● 圖8-9　水禽受到食物的吸引而聚集在溼地覓食是一種主動的族群。

(二) 被動的移動

生物聚集的第二種原因是受到外力運送的結果,這類族群稱為被動族群。例如浮萍或布袋蓮受風力吹送而聚集於岸邊(圖8-10),或是海洋裡的水母受到潮流的帶動而聚集於海灣等都是被動族群。

(三) 生殖的需求或結果

第三種形成族群的原因是因為生殖的需求或結果,這類族群稱為「生殖族群」。生殖族群依其聚集時間的長短又可分為兩種型態,一種是只在生殖期間才在一起,另一種則是代代同居,形成一種緊密的家族關係。舉例來說,只為繁殖而聚集的族群像海豹、企鵝、螢火蟲等,它們只在求偶、交配季節才在一起,隨後就各自分散。相對的是蜜蜂、螞蟻、非洲象(圖8-11)等,這些族群是由親代與子代維持著群聚性的關係,甚至還有社會性的行為。另外如用地下莖增殖的竹子、山芋等植物,也經常會密集的出現在一個區域而形成生殖族群。

● 圖8-10　布袋蓮受風力吹送而聚集於池塘的一角,是一種被動族群。

● 圖8-11　非洲象族群由母象家長領導,是由親代與子代組成的生殖族群。

二、群落的類型

生物必須從環境取得生存資源,所以一定會與其他生物發生依存或競爭的關係,因此在一個地理區內,生物必然是以多種族群的型態出現在自然環境裡,這就是何以會形成群落的原因。

由於群落的發展必須依賴足夠的植物，但植物的族群分布又與氣候條件有關，而其中最主要的決定性因素是雨量和溫度。因此，群落的類型基本上可區分為下列七種：

(一) 熱帶雨林群落

熱帶雨林群落分布在赤道兩側，年降雨量2,500～4,500公厘，終年平均氣溫在26℃以上，例如東南亞列島、南美亞馬遜盆地、非洲剛果盆地等。

熱帶雨林植物茂盛且種類繁多，對全球的氧氣與二氧化碳循環扮演極重要的角色，而代表性的動物族群則有長臂猿、穿山甲、紅毛猩猩、亞洲象、孟加拉虎、犀鳥、鸚鵡等，是地球上最具生物多樣性特質的群落類型（圖8-12）。但由於許多高經濟性植物如油棕、橡膠、咖啡、可可、金雞鈉等，都必須栽培於赤道附近，所以熱帶雨林一直都有被開發和破壞的問題。

● 圖8-12　熱帶雨林植物茂盛且種類繁多，是地球上最具生物多樣性特質的群落類型。

(二) 亞熱帶常綠闊葉林群落

亞熱帶常綠闊葉林分布在南北緯22～40度一帶的季風氣候區。這些區域的氣候，春秋溫和，夏季多雨炎熱，冬季略寒；年降雨量約1000～1500公厘。台灣的低海拔地區就是典型的亞熱帶常綠闊葉林（圖8-13）。

常綠闊葉林的族群組合比熱帶雨林簡單一些，冬季不落葉的闊葉木是主要的植

● 圖8-13　台灣的低海拔地區就是典型的亞熱帶常綠闊葉林，林相雖然與熱帶雨林略似，但植株不如熱帶雨林的高大，樹種也沒有那麼複雜。

物，例如台灣低海拔森林的樟科、殼斗科植物，動物則有野豬、山羌、獼猴、果子狸、松鼠等。但由於這是地球上人口密度較高的區域，所以平原地區的常綠闊葉林已大多被開發為農業生產區。

(三) 溫帶落葉林群落

溫帶落葉林的季節性溫度差異很大，冬季約-3～-22℃，夏季卻可熱到24～28℃，所以落葉林群落的季相變化十分明顯（圖8-14）。樹木在春季抽芽生長，夏季最為茂盛，秋初樹葉普遍轉紅或轉黃，秋末即凋零落地，入冬後，地面便被大雪覆蓋。例如中國華北一帶、加拿大、日本北海道等，就是這類型的群落，動物族群方面則與常綠闊葉林群落類似。

◑ 圖8-14　溫帶落葉林的季相變化十分明顯，秋季會出現滿山紅葉的景觀。

(四) 草原群落

草原群落可分為熱帶草原群落和溫帶草原群落兩種，前者分布在南美、澳洲、東非等地（圖8-15），後者如北美大草原及中國東北、西北草原等。這些地區由於雨量較少或乾季過長阻礙了森林成長，所以只能形成低矮耐旱的草原群落。動物族群方面，熱帶草原有長頸鹿、犀牛、獅子、獵豹、斑馬、羚羊、胡狼等多種哺乳動物，溫帶草原則有野牛、野馬、野兔、紅狐等。

◑ 圖8-15　如果雨量較少或乾季過長阻礙了森林成長，就會形成低矮耐旱的草原群落。

（五）沙漠群落

　　地球上某些地區因為距離海洋甚遠而變得十分乾旱，當年雨量低於250公厘時，大多數植物都無法生長，只有少數仙人掌科和極耐旱的植物可以勉強存活，更乾旱的地區甚至完全沒有植物，所以形成黃沙遍地的沙漠群落，例如北非的撒哈拉沙漠、中國的騰格里沙漠即是（圖8-16）。沙漠動物白天大多潛藏於沙礫下或洞穴中躲避日晒，夜間才是主要的活動覓食時間，主要的代表有沙狐、跳鼠、蠍子、沙蟒等。

● 圖8-16　地球上某些地區因為距離海洋甚遠、雨量極少，所以形成黃沙遍地的沙漠群落。

（六）針葉林群落

　　針葉林群落分布在北半球高緯度地區，平均氣溫在0℃以下，夏季約僅一個月，最熱時約15～22℃。

　　針葉林的組成簡單，大都只有幾種耐寒性的喬木樹種，如松、杉等（圖8-17）。由於整個林相整齊，樹幹也都粗直，是良好的木材資源，動物族群則有棕熊、狼獾、麋鹿、山貓、松雞等。

● 圖8-17　針葉林群落的組成簡單，大都只有幾種耐寒性的喬木樹種。

（七）凍原群落

凍原又稱苔原，位置在南極大陸和靠近北極的西伯利亞、阿拉斯加、加拿大等地。由於終年冰封，只有少數地衣、苔蘚及低矮耐寒的木本植物生長其間，夏季溫度稍暖，是生物短暫的成長期，代表性的動物族群有北極熊、北極狐、馴鹿、雪鴞、企鵝、海豹等。

8-A ・ 生物族群的地緣關係

生態區的族群如果依其地緣關係，可以區分為「原生種」、「特有種」、「外來種」及「歸化種」四大類。

一、原生種

「原生種」是指發源於該地區或因自然散布而一直棲息其間的生物族群。例如鱸鰻、斑龜、蓋斑鬥魚等一直都分布在中國大陸南方、台灣、東南亞等地，所以對這些生態區來說，即是所謂的原生種（圖8-A1）。

◑ 圖8-A1 斑龜一直棲息中國大陸南方、台灣、東南亞等地，所以是台灣的原生種。

二、特有種

只有在某地區才可以發現的生物族群稱為該地的「特有種」。以台灣為例，台灣的特有種甚為豐富，如台灣藍鵲、阿里山龜殼花、台灣獼猴、台北樹蛙、烏來月桃等即是台灣的特有種，而台灣黑熊、白頭翁、櫻花鉤吻鮭、台灣紋白蝶等則是台灣的特有亞種（圖8-A2）。

◑ 圖8-A2 台北樹蛙是台灣的特有種兩棲類，整個地球上只有台灣才有。

三、外來種

由於人為或其他因素，某些生物從生態區以外的地方被移入定居就是所謂的「外來種」。外來種生物被引進初期，由於還沒有跟其他生物建立起「利用和被利用」的關係，往往因缺乏天敵而大量繁殖，造成被移入的生態系發生族群組合失衡的現象，例如近年被引進台灣當水族寵物但被棄養而大量繁殖的

● 圖8-A3　美國螯蝦是台灣的外來種，被棄養後因為競爭力較強而大量繁殖。

枇杷鼠和美國螯蝦，以及四處蔓延的川七、南美蟛蜞菊即是（圖8-A3）。外來種之中，若造成生態上的不良影響、人類健康上的危害或是經濟上的損失，則被列為外來入侵種，是必須優先進行防治移除的對象。

四、歸化種

外來種被引進後，經過數十年甚至更久的時間，如果能夠融入新的生態系中，與其他物種建立「利用與被利用」的關係，就是所謂的「歸化種」。例如大花咸豐草、馬纓丹原產於南美洲，但被引進台灣數十年後，逐漸融入台灣的生態體系，甚且成為不錯的蜜源植物，就變成台灣的歸化種（圖8-A4）。

● 8-A4　吳郭魚被引進台灣數十年後，逐漸融入台灣的生態體系成為台灣的歸化種。

8-3　生態系的能量流動與物質循環

　　生態系中的所有生物，依其在生態作用上所擔任的功能，可區分為生產者、消費者、分解者及轉化者四種角色。生產者(producer)包含生態系中所有可以自行合成營養並產生能量的自營性生物。消費者(consumers)是指必須從生產者或其他消費者身上取得能量和營養的異營性生物，可分為草食性、肉食性、雜食性、腐食性四大類。分解者(decomposer)的作用正好與生產者相反，功能是將有機物分解成無機物，但因為某些無機物的生化特質必須再轉換成可被植物吸收的形式才能繼續循環利用，所以轉化者就是負擔這項重要的功能，例如固氮菌、硝化菌等，都是生態系中非常重要的轉化者(transformer)。

一、生態系的能量流動

　　生態系中的生產者以利用光能製造有機物而生存，草食性消費者以生產者為食，而肉食性消費者又以草食性消費者為食，這種環環相扣的消費性關係，就是所謂的「食物鏈」。但從另一個角度來看，透過食物鏈這種取食與被取食的關係，就等於把生產者所儲存的能量，在生態系中逐層傳遞，這就是生態系中最基本的能量流動(energy flow)過程（圖8-18）。

　　由於在食物鏈的傳遞過程中，有大部份的能量不能被吸收，或是被生物的維生代謝所消耗，因此每轉換一次平均會損失90%。也就是說，真正能被後一級生物所獲得的能量，只有前一級生物生產量的10%而已，這即是生態學上所稱的「十分之一定律」。因此，如果要解決糧食不足的問題，應該減少食物鏈的傳遞次數，以植物性蛋白來取代動物性蛋白，讓人類在營養階層中下降一到二級是經濟而有效的作法。

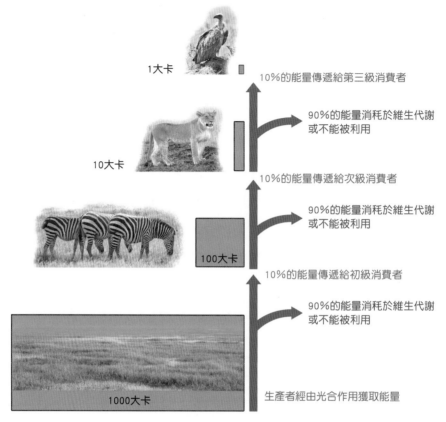

1大卡　　　10%的能量傳遞給第三級消費者

90%的能量消耗於維生代謝
或不能被利用

10大卡

10%的能量傳遞給次級消費者

90%的能量消耗於維生代謝
或不能被利用

100大卡

10%的能量傳遞給初級消費者

90%的能量消耗於維生代謝
或不能被利用

生產者經由光合作用獲取能量

1000大卡

● 圖8-18　生態系中的能量流動是一種單向的傳遞過程，而每傳遞一次，能量就減損百分之九十。

二、生態系的物質循環

　　生命的維持，除了需要能量外，還要不斷攝取構成有機組織的營養因子。而營養因子是在生物與生物之間、或生物與環境之間交互傳遞的，如果與能量流動的過程做比較，可以發現能量流動是單向的，從植物自日光捕捉光能開始，一路傳遞的結果，能量最終都以熱能的形式散失或在生物各種機能運作過程中消耗掉，所以生態系必須不斷再從太陽補充能量。相反的，物質是可以重複使用的，無機物經光合作用被合成有機物，有機物被分解回歸到非生物環境後，即使保留在空氣、土壤或岩層中相當久的時間，但總還有機會再被生物吸收利用。因此，生態學中對這種營養因子在生物與環境間循環傳遞的過程，稱為「物質的

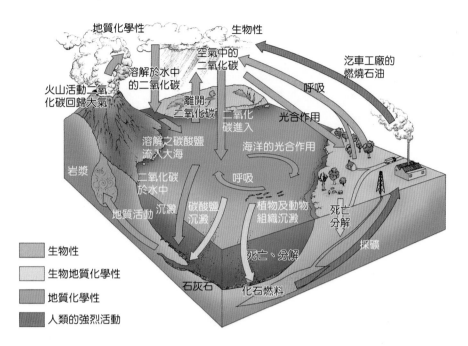

地質化學性　　　　生物性

空氣中的
二氧化碳

汽車工廠的
燃燒石油

溶解於水中
的二氧化碳

火山活動二氧
化碳回歸大氣

離開
二氧化碳　　二氧化
　　　　　　碳進入　　光合作用

呼吸

溶解之碳酸鹽
流入大海

海洋的光合作用

岩漿

二氧化碳
於水中

呼吸

地質活動　沉澱　碳酸鹽
　　　　　　　　沉澱

植物及動物
組織沉澱

死亡
分解

死亡、分解

採礦

| 生物性 |
| 生物地質化學性 |
| 地質化學性 |
| 人類的強烈活動 |

石灰石　　化石燃料

● 圖8-19　碳循環主要是以呼吸作用和光合作用在進行，但人類大量增加燃燒作用的結果，使大氣中二氧化碳濃度逐漸升高。

循環」，而其中與生態系統關係最密切的物質循環有碳循環、氮循環、水循環三種。

(一) 碳循環 (the carbon cycle)

　　生物與大氣圈、水圈之間的碳循環，主要是以呼吸作用和光合作用在進行，二氧化碳經光合作用被轉變成葡萄糖等有機物保留在生物體內，而呼吸作用又把有機物氧化成二氧化碳釋回大氣或水中（圖8-19）。在工業時代以前，生態系中的呼吸作用與光合作用基本上是相互平衡的，但這種穩定狀態目前正面臨嚴重挑戰。原因是人類大量挖掘化石燃料，將原本儲存在地下的碳加以利用，增加燃燒作用的結果，造成大氣的二氧化碳濃度逐漸升高，而原本以光合作用將大氣中碳原子捕捉儲存在有機體中的植物，則因各種開發行為遭到砍伐，減少二氧化碳的消耗量，其對生態環境的衝擊，尤其是因此造成的全球暖化和極端氣候變遷的現象，已受到全球性的關注。

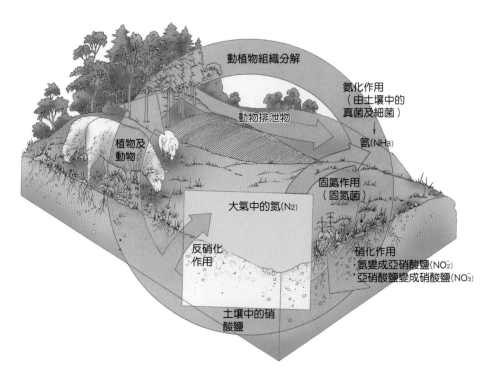

● 圖8-20　生態系中的氮循環必須藉由固氮作用、硝化作用、反硝化作用和氨化作用來完成。

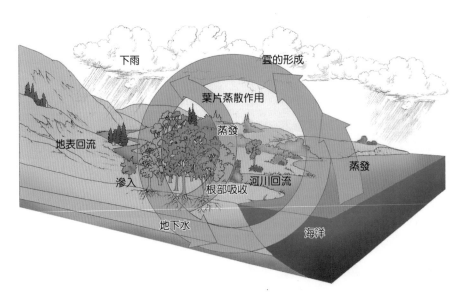

● 圖8-21　水循環的動力來自陽光，陽光將地表、海面的水蒸發進入氣層，氣層再以降水的方式回補，於是水便在地面與大氣中不停的週轉。

(二) 氮循環 (the nitrogen cycle)

氮是構成生物體胺基酸和蛋白質的主要元素。但是在生態系中，氮主要是以一般動植物不能利用的氣態氮(N_2)存在，所以必須藉由固氮菌或硝化菌經由「固氮作用」和「硝化作用」將它轉變成無機氮化合物，如氨(NH_3)或硝酸鹽(NO^{3-})才可被植物吸收，之後就以蛋白質、胺基酸、尿素的方式在生態系中循環（圖8-20）。

(三) 水循環 (the water cycle)

地球上的水分布在海洋、河流、湖泊、地下水、積雪以及大氣層中，其中可參與水循環的大約只占5%，其他的95%都以海水或積雪的方式處於停滯狀態。推動水循環的動力來自陽光，陽光將地表、海面的水蒸發進入氣層，氣層再以降水的方式回補，於是水便在地面與大氣中不停的週轉（圖8-21）。水循環所引發的效應與生態系的穩定有密切關係，因為水的比熱大，所以可以發揮緩和地球表面溫差的作用，此外生物體內的各種生化反應和物質運輸都需要水作為媒介，因此在運輸營養物質上也具有重要的功能。

8-4　當前的生態衝擊

由於生態系有多樣化的結構成分，並有複雜的能量流動和物質循環，所以具備足夠的自動調節機制以維持自身的平衡。但如果生態系所承受的干擾超過其自動調節的能耐，失調的現象就可能產生。雖然，有些干擾因子是起源於天然災害，像長期乾旱、森林火災或火山爆發等，但目前大部份的生態衝擊，主要還是來自人為的不當破壞，導致全球生態系出現了許多失調的問題。

● 圖8-22　為了解決人口增加所引發的糧食問題，人類砍伐森林做為耕地，結果引發其他的土壤問題。

一、人口、土壤與糧食問題

　　人口暴增是各種生態問題的根源，因為要應付人口成長的需求，人類必須擴張耕地、伐林建屋、提高工業生產等等，於是生態失衡的問題就相繼出現。而且人口問題牽涉到許多社會和政治層面，問題的本質也不僅只是量的增加而已，它還伴隨著人口老化、素質下降、少子化等現象。此外，為了解決人口增加所造成的糧食不足，人類開始砍伐森林做為耕地，加上肥料、農藥的濫用，以及過度耕作的結果，土地污染、表土流失和沙漠化的問題也日益嚴重（圖8-22），聯合國糧食及農業組織表示，因為濫用、過度放牧、濫墾濫伐及其他人為因素，全球約20億公頃的土地已經退化。就最近聯合國公布的數據顯示，地球上每一分鐘平均有10公頃的土地變成沙漠，一年約增加兩個台灣的面積，全球至少有1/3的土地已經退化到某種程度，以至於直接影響到 20 億人口的生活，且中國、俄羅斯、美國、印度這四個耕地最多的國家，每年被流失的土壤約140億公噸，占全球耕

地土壤的0.4%。另外再加上一些政治、經濟、戰爭等因素交互影響，糧食產量與人口分布總不成比例，在歐美、加拿大等地區，其糧食產量占全球的二分之一，但總人口數卻只有30%，所以地球另外70%的人口，其實只能分享剩餘的另一半糧食而已。因此，估計目前全球近63億人口中，有三分之二的人居住在糧食生產不足的地區，有五分之一的人營養不良，有約十億人處於長期飢餓的狀態。台灣雖然糧食供應無虞，但因台灣耕地狹小且零碎，無法以大型機具栽培，因此雜糧作物栽植成本遠高於國外，且水稻等主食作物則受缺水休耕及耕地轉做其他利用模式影響，產量也逐漸減少，造成糧食自給率逐年下降，形成國家戰略安全問題。

二、水的問題

全球的水體包括海洋、河流、湖泊、沼澤、水庫、冰川、兩極冰原及地下水等，其中海洋佔地球總水量97.2%，剩下的2.8%才是淡水。但淡水中又有77%被凍結在冰川和兩極冰原中，所以實際可供動、植物和人類使用的水，只占全球總水量的0.65%而已。

由於降水分布與耕地、人口分布並不成比例，因此水源不足、分布不均一直是人類的苦惱。根據聯合國兒童救濟基金會推測，開發中國家約有20億人口在忍受缺水之苦，而人口過多和過度施肥所造成的水質優養化(eutrophication)（圖8-23），農藥和工業所造成的毒性污染，將使全球水源不足的問題日益嚴重。

三、大氣的問題

大氣問題的嚴重性與複雜度比水問題有過之而無不及，例如排放一氧化氮或二氧化硫造成的酸雨(acid rain)，排放氟氯碳化物(CFCs)導致臭氧層破壞，燃燒作用所產生的碳化氫和氮氧化物被紫外線照

🔵 圖8-23　民生廢水和過度施肥造成水質優養化。

射而轉變成有毒的光化學煙霧（圖8-24），而二氧化碳濃度增加所造成的大氣溫室效應(atmospheric greenhouse effecct)，已讓人類開始承受氣候改變所帶來的災難。

一般認為，如果二氧化碳的濃度再增加一倍，大氣溫室效應會使全球平均氣溫上升1.5~4.5℃。其嚴重性是：由於極地冰原溶解導致海平面上升，如果海平面升高一公尺，估計全球將有500萬平方公里的土地要被淹沒，其中含有全世界三分之一的耕地和約10億人口的生活區。另外，因為河口位置向上推移，會使洪水的問題更加惡化。而連帶造成的全球氣候改變，將使某些地方會變得極為乾旱，某些地方卻更多雨成災。

● 圖8-24　燃燒作用所產生的碳化氫和氮氧化物被紫外線照射而轉變成有毒的光化學煙霧。

四、物種滅絕的問題

雖然地球上究竟有多少種動植物到目前仍無精確的數字，但近來由於人為因素造成的棲息地破壞、商業性的過度捕撈與獵殺，造成物種滅絕的速度不斷加快（圖8-25）。依據生物學者統計，從1600年以來，約4,500種哺乳動物中已滅絕了40種；而已知約一萬種鳥類也消失了100種。更有科學家推算，到西元2020年，全球生物中可能有10~20%的物種會消失無蹤。

🐟 圖8-25 鯨鯊又稱為豆腐鯊，由於過度捕撈導致族群瀕臨滅絕危機，故台灣自2008年起全面禁捕。

8-B ‧ 大氣溫室效應

從一些客觀的紀綠顯示，地球的平均溫度在二十世紀上升了0.56℃，而且推測到2050年時，可能還要再上升2.22℃。大部份的環境學家認為：地球溫度升高是因為大氣中的「溫室氣體」濃度增加，使得地球有如一個溫室般在吸收熱能，這就是所謂的「大氣溫室效應」（圖8-B1）。

溫室氣體指的是二氧化碳、甲烷、臭氧等，其中最主要的是二氧化碳。二氧化碳在二十世紀以前的濃度約是290ppm以下，但到目前已高達350ppm，科學家估計，到2030年將可能升高到570ppm左右。可見，二氧化碳的增加速度極為驚人，其主要原因是人類不斷增加燃燒作用，且又砍伐森林使光合作用減少所致。

至於大氣溫室效應的形成機制，可分成下列四個階段來說明：

(1) 大氣溫室氣體增加：由於光合作用減少，燃燒作用增加，大氣內的二氧化碳濃度日漸提高。另外，工業所釋放的甲烷、臭氧、光化學煙霧等，也使得大氣中的溫室氣體越來越多。

(2) 短波光穿透溫室氣體進入地球：太陽光是一種短波光，穿透力強，約有45%的光能可以穿透包含溫室氣體的大氣層而到達地表，使得陸地和水域因吸收部分能量而溫度上升。

(3) 長波輻射被溫室氣體截留：日光照射在地表後，因為部分能量被吸收，所以轉變成波長較長的反射光，反射光本應以長波輻射的方式向大氣層外釋放，讓地球的吸熱與排熱維持平衡。但一旦溫室氣體濃度升高，由於長波輻射的穿透力較弱，所以在向外釋放時就有一部份會被溫室氣體阻擋而再折返地表，於是這些長波熱能就在地表與溫室氣體間來回反射。

(4) 大氣溫度提高：被阻擋的長波輻射最終會轉變成熱能而保留在大氣層內，且新的短波光又繼續進入，在這種入多出少的情況下，氣層溫度便逐漸上升。這種作用，其實就如園藝溫室、或是把汽車停在陽光下的情況是完全相似的，所以才稱做「大氣溫室效應」。

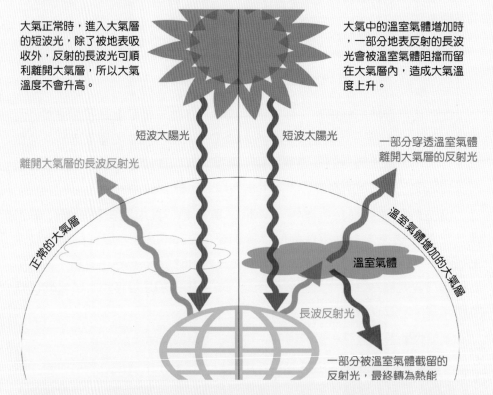

大氣正常時，進入大氣層的短波光，除了被地表吸收外，反射的長波光可順利離開大氣層，所以大氣溫度不會升高。

大氣中的溫室氣體增加時，一部分地表反射的長波光會被溫室氣體阻擋而留在大氣層內，造成大氣溫度上升。

短波太陽光　　短波太陽光

離開大氣層的長波反射光

一部分穿透溫室氣體離開大氣層的反射光

正常的大氣層

溫室氣體增加的大氣層

溫室氣體

長波反射光

一部分被溫室氣體截留的反射光，最終轉為熱能

🔵 圖8-B1　大氣層中的溫室氣體截留部分的地表反射光轉變成熱能，導致大氣溫度逐漸升高，這即是所謂的大氣溫室效應。

8-5　永續發展與環境保護

　　1987年第42屆聯合國大會時，世界環境與發展委員會(WCED)發表了「我們共同的未來(Our Common Future)」一文，此份報告首度詮釋了永續發展的理念，之後又在1992年「地球高峰會」中，由157個國家共同簽署了「生物多樣性公約」，從此全球生態維護工作獲得大部分國家或地區的認同和支持。2010年10月於日本名古屋舉辦之聯合國第十屆生物多樣性公約大會中，日本政府與聯合國大學高等研究所(UNU-IAS)更進一步提議「里山倡議國際夥伴關係網絡(The International Partnership for the Satoyama Initiative, IPSI)」。著重於農業生物多樣性保育、傳統知識保存以及鄉村社區發展等議題，且不僅著眼全球重要性之農業文化地景，更關注所有國家一般鄉村社區之生產、生活和生態之永續性。該倡議已成為第十屆生物多樣性公約大會通過之重要決定之一，強化在人類生活地區中的生物多樣性保育工作之推動。

　　所謂永續發展(sustainable development)的意義，是指人類對環境的開發，應該在「滿足當代的需要，但不損及後代子孫需要」的前提下進行。基於這樣的理念，多數國家都已意識到維護生物多樣性和保護環境是兩項刻不容緩的重要工作。而在聯合國、環保團體、研究機構等共同努力下，環境保護措施已在全球積極推展，其中比較具體而有成效的可分為下列四項：

一、提高環境自淨能力

　　自然環境受到污染時，可以藉助大氣或水流的擴散、氧化等理化反應，以及微生物的分解作用，將污染物轉變成無害的物質，使環境回復到原本的潔淨狀態，即是所謂的「環境自淨能力」。但要讓環境自淨能力得以發揮的前提，是必須保持自然生態的完整性，所以，設法維護環境甚至修復環境中受損的環節，是提高環境自淨能力的可行性措施。例如，在都會區的空地上加強綠化或增加植栽，對降低空氣中的粉塵及二氧化碳含量都有明顯的效果。另外，如果減少對水

源地、山坡地的開發與破壞，讓河流的流量能經常保持充沛而穩定，那河流本身就有更強的稀釋作用和生物、理化作用來抵抗外來的污染。可見，維持或修復環境回歸到自然狀態，是環境保護措施的第一要務。

二、加強環境監測工作

所謂「環境監測」，是政府機構透過監測站或研究單位，對區域內的網狀定點實施長期的環境變化測定與監控措施。監測對象可能包括水質、大氣、土壤、生物等等，經持續性的比對、分析監測所得的數據，就可以對環境品質是否改善或惡化提出參考性或預警性的建議。其目的，無非是要讓有害環境穩定的因素能及早受到控制，並讓有利於自然環境發展的作為可以更積極的推行。近年各國興起的「公民科學家」運動，即是在政府和學術研究單位的規劃下，推動一般民眾經過短暫的訓練學習，即可以簡便又符合科學的方法，蒐集具科學意義的數據，達到環境和生態的長期監測工作。

三、落實資源回收制度

人類的生活及產業都不斷在製造形質各異的廢棄物，例如家庭垃圾中大量的廢紙、塑膠、鐵鋁罐和有機廚餘；營建業的廢土；交通業的廢棄車、廢輪胎；以及農業廢渣；工業廢渣等等，都是隨處可見的固體廢棄物。早期對這些巨量廢棄物的處理方式，大多以掩埋、灰化或海拋為主，但無論採用那一種方法，都難免造成二次污染。例如掩埋法的滲漏水會污染水源和土壤；灰化法會污染空氣；海拋法更會破壞海洋的生態平衡。因此，根本解決之道，應該要從減少廢棄物的產量開始著手。

減少廢棄物產量，除了可以運用壓縮技術縮小其體積外，回收有再生價值的資源性廢棄物，是一種更具積極意義的做法。現在大部份已開發國家的國民都已深知家庭垃圾中的紙張、鐵鋁罐、保特瓶、玻璃、廚餘等都是可回收利用的資源，還有些技術更先進的國家，正研究如何將各類廢渣改造成建材，或是利用垃圾製造沼氣或發電，這都是基於資源回收理念所發展出來的環保科技。

四、成立跨國性環保組織並制定國際公約

由於某些污染源的危害是全球性的，所以環保工作就必須透過國際合作才能收到良好的效果。目前這方面的工作，在聯合國及國際環保團體的努力下，部份攸關全球安危的環保策略已建立初步共識，最具體的條約以防止氣候及大氣改變的居多，例如1992年「聯合國環境與發展會議」中簽署的「氣候變化綱要公約」和「京都議定書」，以及2015年簽訂的「巴黎協定」，都是希望達到減少溫室氣體排放的目的。此外聯合國2015年也發布了「2030永續發展目標」(Sustainable Development Goals, SDGs)，包含17項核心目標，指引全球共同努力、邁向永續。而一切作為的初衷，都是以維護全球生態系及人類的永續發展為最高目標。

Chapter at a Glance Outline **本｜章｜綱｜要**

1.　舉凡一切會影響生物活動、適應、分布、生育的因素，都算是該生物所處的環境組成條件，而研究生物與環境之間相互作用的科學，就是一般所稱的生態學。

2.　生物所處的環境可劃分為「內在環境」與「外在環境」兩大部份；而外在環境又區分為「生物性環境」與「非生物性環境」。

3.　非生物性環境包括七種影響生物的環境因子，分別是媒質、基底、日光、水分、氣候、營養因子和環境週期。

4.　生物性環境包含生物和生物之間的一切互動關係，可分為競爭、合作、片利共生、互利共生、寄生、抗生和捕食等七種。

5.　生態系中的生物成分可以區分為三個層級，依序是個體、族群和群落。

6.　形成族群的原因有：主動的移動、被動的移動、生殖的需求或結果。

7.　群落的分布和雨量、溫度有關，全球主要的群落類型可以區分為下列七種：
   (1) 熱帶雨林群落
   (2) 亞熱帶常綠闊葉林群落
   (3) 溫帶落葉林群落
   (4) 草原群落
   (5) 沙漠群落
   (6) 針葉林群落
   (7) 凍原群落

8.　生態系中的所有生物，依其在生態作用上所擔任的功能，可區分為生產者、消費者、分解者及轉變者四種角色。

9.　透過食物鏈取食與被取食的過程，將生產者所儲存的能量，在生態系中逐層傳遞，這就是生態系中最基本的能量流動過程。

10. 營養因子在環境與生物間循環傳遞的過程，稱為「物質的循環」，而其中與生態系關係最密切的物質循環有碳循環、氮循環、水循環三種。

11. 生態系有足夠的自動調節機制以保持自身的平衡狀態，但如果所承受的干擾超過其自動調節的能耐，失調的現象就會隨之出現。

12. 目前大部份的生態失調的問題，主要來自人為的不當破壞，可分為：

    (1) 人口、土壤與糧食問題

    (2) 水的問題

    (3) 大氣的問題

    (4) 物種滅絕的問題

13. 永續發展的意義，是指人類對環境的開發，應該在「滿足當代的需要，但不損及後代子孫需要」的前提下進行。

14. 環境保護措施已在全球積極推展，其中比較具體而有成效的可分為下列四項：

    (1) 提高環境自淨能力

    (2) 加強環境監測工作

    (3) 落實資源回收制度

    (4) 成立跨國性環保組織並制定國際公約

 Review Activities

1. 生物所處的環境可劃分為＿＿＿＿＿＿環境與外在環境兩大部份；而外在環境又區分為＿＿＿＿＿環境與＿＿＿＿＿環境。

2. 台灣大多數的野鳥都在春夏之間才交配繁殖，螢火蟲也在只在夏夜交配產卵，這都是一種配合季節變化的＿＿＿＿律動。

3. 環境週期分為日週期、月週期、＿＿＿＿週期、＿＿＿＿週期等四種。

4. 同一片草原上的斑馬和牛羚之間有＿＿＿＿＿關係；椋鳥與非洲水牛之間有＿＿＿＿＿關係；鷺鷥喜歡棲息在牛的附近是一種＿＿＿＿關係；珊瑚蟲與共生藻是一種＿＿＿＿關係。

5. 兩生物之間，如果一方分泌有毒物質抑制或毒害另一方以獨占環境資源，則這種毒性物質稱為＿＿＿＿＿。

6. 生態系中的生物成分可以區分為三個層級，依序是＿＿＿＿、＿＿＿＿和＿＿＿＿。

7. 依據族群的成因來分類，水禽受到食物的吸引而聚集在溼地覓食是一種＿＿＿＿族群；非洲象家族是一種＿＿＿＿族群。

8. 群落的分布和雨量、溫度有關，全球主要的群落類型可以區分為：(1)＿＿＿＿群落、(2)亞熱帶常綠闊葉林群落、(3)＿＿＿＿群落、(4)草原群落、(5)＿＿＿＿群落、(6)針葉林群落、(7)＿＿＿＿群落

9. 生態系中生產者可以自行合成營養並產生能量。＿＿＿＿＿者是將有機物分解成無機物，但因為某些無機物的生化特質必須再轉換成可被植物吸收的形式才能繼續循環利用，所以＿＿＿＿者就是負擔這項重要的功能。

10. 透過食物鏈取食與被取食的關係,生產者所儲存的能量在生態系中逐層傳遞,這就是生態系中的＿＿＿＿＿＿。

11. 生態系中的營養因子在環境與生物間循環傳遞的過程稱為物質的循環,其中較重要的有＿＿＿＿循環、＿＿＿＿循環、＿＿＿＿循環三種。

12. 造成大氣溫室效應的主要溫室氣體是＿＿＿＿、＿＿＿＿、＿＿＿＿等。

13. 永續發展的意義,是指人類對環境的開發,應該在「滿足＿＿＿＿的需要,但不損及＿＿＿＿＿＿需要」的前提下進行。

14. 自然環境受到污染時,可以藉助大氣或水流的擴散、氧化等理化反應,以及微生物的分解作用,將污染物轉變成無害的物質,使環境回復到原本的潔淨狀態,這是所謂的＿＿＿＿＿＿能力。

🔍 解答 QR Code

BIOLOGY
MEMO

BIOLOGY
MEMO

國家圖書館出版品預行編目資料

生物學／朱錦忠, 陳德治編著. -- 第三版. --
　　新北市：新文京開發出版股份有限公司,
2023.07
　　　面；　公分

　　ISBN　978-986-430-938-2（平裝）

　　1. CST: 生命科學

360　　　　　　　　　　　　　　112010324

生物學（三版）　　　　　　　　　　　　　（書號：E340e3）

編 著 者	朱錦忠　陳德治
出 版 者	新文京開發出版股份有限公司
地　　址	新北市中和區中山路二段 362 號 9 樓
電　　話	(02) 2244-8188（代表號）
F　A　X	(02) 2244-8189
郵　　撥	1958730-2
初　　版	西元 2009 年 08 月 05 日
二　　版	西元 2012 年 07 月 15 日
二版二刷	西元 2018 年 10 月 01 日
三　　版	西元 2023 年 07 月 15 日